Je casse de l'eau

Sébastien Balibar a publié :

La Pomme et l'Atome, Paris, Odile Jacob, 2005.
Demain la physique (avec Alain Aspect, Roger Balian, Édouard Brézin, Bernard Cabane, Stephan Fauve, Daniel Kaplan, Pierre Léna, Jean-Paul Poirier et Jacques Prost), Paris, Odile Jacob, 2004.

Jean Kerleroux a publié
Quidams, Éditions Stil, 2003.
L'Homme qui a vu l'homme, Le Cherche Midi, 1994.

Préparation de copie : Valérie Gautheron
Mise en pages : Marina Smid

ISBN : 978-2-7465-0407-3

279, rue Saint-Jacques 75005 Paris
www.editions-lepommier.fr

Sébastien Balibar

Dessins de Jean Kerleroux

Je casse de l'eau

Éditions
Le Pommier

1. *Je casse de l'eau*

« Dans mon labo, je casse de l'eau. Je tire dessus et quand ça casse, ça fait une bulle. Je fais des bulles, si tu préfères.

— Mais tu tires comment ?

— Ben, ça s'attrape pas par la main, de l'eau, alors je tire pas dessus comme sur un morceau de bois. Je lui mets la sono à fond, dans une petite boîte, un sacré paquet de décibels. Pour nous, ça revient au même.

— … et pourquoi tu fais ça ?

— Tu sais, les molécules d'eau, elles ont deux pieds et deux mains pour s'attacher les unes aux autres, mais on comprend pas bien comment. Alors, pour comprendre, je leur casse les pieds, pas seulement les oreilles.

— Vous êtes bizarres, vous autres chercheurs. »

2. *Premières amours*

Il était bleu, mon premier vélo.
Marie avait grandi et me l'avait donné, et maintenant ça y était, je tenais dessus.

C'étaient les grandes vacances, à La Couarde-sur-Mer, et on était partis pour Saint-Martin-de-Ré.

Seulement voilà, les autres savaient déjà, mais moi, j'avais cinq ans et je savais pas tourner. Ni freiner.

Alors, au premier carrefour, je suis allé tout droit.

J'ai embrassé un mur qui m'a accueilli sans tendresse. Ç'a été mon premier chagrin d'amour.

Après, j'ai appris à tourner, et aussi à freiner, mais je suis encore tombé, à force de défier les lois de la Nature.

La pesanteur n'a pas fini de faire tomber les pommes, alors les vélos…

3. *Steinway*

Sous le Steinway de mon père, un tapis, imitation d'afghan.

Longtemps j'en avais transformé la bordure en circuit pour autos miniatures.

Mais pour l'heure, j'avais onze ans et mon père attaquait le concerto en *ré* mineur de Mozart, le vingtième.

Couché entre mes bolides, les deux oreilles dans la table d'harmonie, je lisais *Les Trois Mousquetaires*. Les triolets de sa main gauche roulaient entre les syncopes de la droite ; d'Artagnan embrochait les gardes du Cardinal.

Alors c'en fut trop : j'exigeai de papa qu'il me trouve un professeur de piano.

Je voulais jouer. Moi aussi.

Évidemment, c'était un peu tard pour m'y mettre, mais j'allais y arriver.

Je n'ai plus quitté mon clavier un seul jour.

Et *ré* mineur, c'est ma petite madeleine.

4. *Traits*

Tu m'as dit un jour : « Dans la Nature, il n'y a pas de traits. »

Pas de traits ? Vraiment ?

Tu voulais dire : « Pas de lignes droites naturelles » ?

J'ai visité le Museo nazionale de Naples et ta phrase m'est revenue. Au premier étage, dans une très grande salle, se trouve la plus belle méridienne que je connaisse.

Les murs sont imposants et dans un coin, tout en haut, un petit trou semble pratiqué pour laisser passer quelques mésanges. Il fut en fait percé par Giuseppe Cassella, professeur d'astronomie, en 1790.

Lorsque le Soleil arrive au zénith, c'est-à-dire à midi heure solaire, le trou laisse passer un trait de lumière qu'une fine poussière matérialise jusqu'à son impact au sol. Là, Cassella a tracé en incrustations de marbre une longue ligne nord-sud qui prend la pièce en diagonale. Cette ligne de marbre est graduée, c'est la méridienne de Cassella. Les graduations sont en jours. En effet, la hauteur du Soleil dépendant de la date, la lumière projetée au sol forme une tache ovale qui se déplace d'un jour à l'autre. Au solstice d'été, la tache est près du mur. Au creux de l'hiver, le Soleil est bas et envoie sa lumière près du mur opposé. Certes, la méridienne elle-même est un trait artificiel, mais le rayon lumineux qui l'anime n'est-il pas l'un des plus beaux traits naturels qu'on puisse admirer dans la Nature ?

À la même époque, la Révolution française demandait à Delambre et Méchain une nouvelle mesure d'une autre méridienne, la ligne nord-sud passant par l'Observatoire de Paris ; cela devait permettre de préciser la valeur du quart de la circonférence de la Terre, ainsi qu'à définir le mètre, sa dix millionième partie. En 1989, la commémoration de cette grande communion entre Science et Nature nous valut de mémorables pique-niques sur des nappes à carreaux alignées de Dunkerque à Perpignan.

Enfin, je te l'accorde, les traits fins et droits sont rares dans la Nature, même si j'en guette la présence chaque fois qu'un rayon lumineux peut se frayer un passage à travers un nuage ou la fente d'un volet.

Par ailleurs, comme tu le sais, les scientifiques ont la manie de la contradiction, le scepticisme maladif. Tout énoncé absolu excite leur recherche d'exceptions. Comme si la vérité ne pouvait jamais qu'être partielle. Rien ne les amuse donc autant que de réfléchir aux situations où la lumière ne va pas droit.

Est-ce que la lumière va vraiment tout droit ? Dans la vie courante, oui, bien sûr. Mais que veux-tu, ç'aurait été trop simple si cela avait été absolument vrai. C'est plutôt de l'absolu qu'il n'y a pas en sciences, que du relatif, et d'ailleurs, justement, le scientifique qui nous a prédit que la lumière n'allait pas toujours droit, c'est le grand Einstein. En construisant sa Relativité Générale il a prétendu que l'espace était déformé par les grandes masses qui s'y trouvent. D'après lui, comme on creuse un matelas en s'allongeant dessus, comme ce creux attire un corps allongé voisin, les étoiles creusent l'espace, ce qui attire les étoiles voisines. C'était sa manière à lui de comprendre l'attraction universelle entre masses, la gravité si tu préfères. Pourquoi ne pas se représenter la gravitation universelle ainsi ? Seulement voilà, ce faisant, Einstein a aussi prédit que la lumière, passant près d'une étoile, donc dans un creux de l'espace, devait être déviée, ne pas aller droit. Et alors là, prétendre que la matière déformait l'espace au point de courber la lumière, cela a dû être un peu plus difficile à avaler. Mais il a bien fallu s'y résoudre car la vérification des prédictions d'Einstein n'a pas tardé : on a effectivement démontré que la lumière venant de la planète Mercure tourne un peu en passant près du Soleil. Donc la lumière ne va pas toujours droit.

— Et les mirages ? Je croyais qu'ils provenaient du fait que les rayons du Soleil tournent en arrivant près d'un sol chaud.

— Ah oui ! c'est vrai ! Pas besoin d'aller chercher la Relativité d'Einstein pour trouver des exceptions. Quand une route est chaude l'été, l'air y est moins dense et la lumière s'y propage légèrement plus vite que dans l'air moins chaud du dessus. Cette variation de vitesse force la lumière du ciel à s'incurver en descendant près du sol pour finalement remonter vers nos yeux. On voit donc le ciel se réfléchir sur le sol comme si c'était un miroir, comme s'il y avait de l'eau. »

C'est plein d'exceptions, la Nature.

Mais, après tout, j'y pense, un trait n'est pas forcément droit. Me voici perplexe à nouveau…

5. *Mélodies*

Le violoniste frotte.

Le claveciniste pince.

L'un à côté de l'autre, le trompettiste et le tromboniste soufflent fort mais le flûtiste, qui ne caresse pourtant son embouchure que d'une brise légère, sait aussi se faire entendre.

Et pourquoi le corniste égoutte-t-il son pavillon toutes les cinq minutes ? Il crache, ou quoi ? Quant au clarinettiste, il suce son instrument, bientôt imité par le saxophoniste.

Plus élégant, mais les carotides dilatées, le hautboïste met la pression entre ses anches. Au contraire, la belle violoncelliste serre tendrement sa caisse entre ses cuisses.

Le guitariste gratte et la pauvre harpiste crochète des cordes trop dures pour ses doigts.

Le pianiste percute les siennes, mais ses doigts à lui savent aussi caresser l'ivoire du clavier et danser, lorsque le poignet s'assouplit et que l'épaule ondule.

Celui qui tape vraiment, c'est le batteur, bien sûr.

Mais ce faisant, tous, tous sans exception, ils respirent et chantent.

6. *Sciences*

Le mathématicien démontre.

Le chimiste, lui, mélange, distille, analyse, fait réagir et parfois exploser.

Le biologiste est dans la complexité du vivant, il tente de la décrire sans la réduire.

Le physicien, au contraire, simplifie, propose des modèles, cherche à énoncer des lois générales qu'il voudra ensuite confronter à la réalité du monde.

Le linguiste cherche des ressemblances, des règles dont il aime les exceptions.

Le géologue a le nez par terre et l'astronome le nez en l'air.

Le géographe accepte-t-il toujours de changer ses cartes quand son collègue historien le lui réclame ?

L'ethnologue croit à l'universalité de la nature humaine et de ses grands mythes.

Le philosophe tente vaillamment d'avoir des idées sur les idées.

Il serait trop simple de prétendre que l'homme politique passe son temps à mentir : c'est peut-être parce qu'il veut croire à ses idéaux.

L'archéologue me fait découvrir les millénaires passés et le climatologue m'inquiète pour les millénaires à venir.

Celui qui calcule vraiment, c'est l'économiste, bien sûr.

Mais ce faisant, tous, tous sans exception, ils pensent.

7. *Puissance*

Le panneau venait de me le dire : col de Restefond, vingt-huit kilomètres. J'allais mettre plus de deux heures et j'avais intérêt à prendre mon mal en patience.

Je me suis mis à faire des calculs.

Voyons, mon compteur indique douze kilomètres à l'heure, ça fait 3,33 mètres par seconde. Si c'est bien du dix pour cent, je grimpe de dix mètres tous les cent mètres, ça fait un dénivelé d'un tiers de mètre par seconde. Et si la gravité, c'est environ dix mètres par seconde au carré, comme avec mon vieux vélo, mon bidon plein, mes chaussures à semelle de carbone et mon casque, je pèse presque cent kilos, mon poids est une force de mille newtons contre laquelle j'ai du travail à fournir. Alors, quelle est la puissance de mes grosses cuisses ? Elles développent combien de watts ?

Oh là là ! il y a vraiment des jours où la physique, c'est encore plus fatigant que le vélo, même en montagne !

Col de Restefond : vingt-sept kilomètres. Ah ! j'avance !

Bon, je reprends, mille newtons fois un tiers de mètre par seconde… Ah oui ! trois cent trente-trois watts !

Quoi ? Seulement ?

En somme, Sébastien = trois ou quatre lampes électriques ?

Et encore, à ce rythme-là, si je tiens deux heures, ce sera bien. Évidemment, les pros, avec leur EPO, ils sont meilleurs, ils doivent bien monter à vingt-quatre kilomètres à l'heure mais ils sont plus légers, donc ils ont des cuisses d'environ six cents watts. Six lampes électriques !

Col de Restefond : vingt-six kilomètres.

Cela me rappelle que l'autre jour, dans le journal, ils prétendaient qu'à la longue, le vélo rendait impuissant. Je me demande si c'est vrai…

8. Le ciel et la mer

Berlin, juillet 2006. C'était la finale.

Les Bleus affrontaient la Squadra azzurra et j'avais un préjugé linguistique. Assurément, les onze meilleurs donneurs de coups de pied (de *calcio*) devaient être ceux qui ne confondaient pas le *blu*, le bleu profond de la mer, et l'*azzurro*, le bleu léger du ciel.

Je demandai donc à Aglaé ce qu'elle en pensait : à l'assaut du ciel, la mer allait-elle l'emporter ? Mais elle coupa court à mes tentatives de poésie :

« Pourquoi il est bleu, le ciel ? »

Je trouvai la question trop classique et j'eus envie de la taquiner : « Le ciel ? Mais il est noir, regarde !

— Oui, je sais, c'est parce qu'on ne voit pas assez d'étoiles la nuit, et tu m'as déjà raconté hier que c'est parce que l'Univers qu'on voit a une date de naissance. Mais le ciel est bien bleu, le jour ?

— À l'opposé du Soleil, là où on aime le regarder, il est bleu. Mais près du Soleil, là où on se ferait mal aux yeux en regardant longtemps, il est jaune.

— Alors, tu m'expliques ?

— La lumière du Soleil contient toutes les couleurs visibles…

— Toutes les couleurs de l'arc-en-ciel ?

— Oui, toutes les couleurs que les gouttes d'eau séparent pour faire des arcs-en-ciel, ou encore le coin des miroirs, les bulles de savon et les ailes des papillons.

— Mais alors, le ciel ?

— La lumière bleue et la lumière rouge, c'est un peu comme les aiguës et les graves en acoustique, des ondes courtes et des grandes ondes si tu préfères.

— Les aiguës sont plus courtes que les graves ?

— Oui, c'est pour cela que les haut-parleurs émettent mieux dans les graves s'ils sont gros, ou que les contrebasses sont plus grosses que les violons, c'est pareil.

— Je veux bien que la lumière bleue, ce soit des ondes plus courtes que la lumière rouge, mais quel rapport avec le ciel ?

— Imagine que tu lances des billes sur un terrain rugueux, plein de petites bosses et de petits trous, les billes vont changer de direction à chaque fois qu'elles passeront dans un trou ou sur une bosse. Mais si tu lances un ballon sur le même terrain, il roule tout droit, il n'a pas la place d'entrer dans les petits trous, et les bosses, il s'en moque.

— Regarde ! La mer vient de marquer un but au ciel !

— Ça t'intéresse, le foot ? Tu ne préfères pas la physique ?

— … allez, continue !

— Eh bien, quand la lumière bleue rencontre des molécules d'air, elle part un peu dans tous les sens alors que la lumière rouge, elle va presque tout droit. Résultat, si tu regardes le Soleil le soir ou le matin, quand il est bas sur l'horizon et que sa lumière a beaucoup d'atmosphère à traverser, avec plein de molécules à rencontrer, le rouge passe mais il manque le bleu, et le Soleil est rouge. Près du Soleil, il reste aussi du jaune. Mais si tu regardes de l'autre côté, il te revient un peu de lumière bleue qui s'est réfléchie sur l'atmosphère alors que le rouge est parti plus loin.

— Donc le ciel est bleu !

— Oui.

— Regarde, le ciel a gagné !

— Comment ?

— Ben, la mer a perdu, quoi !

— Ah ! je te l'avais bien dit ! Ces Italiens, ils sont plus malins. D'ailleurs, tu sais, en *i*-talien il n'y a pas d'*i* grec, ni d'*i*-x, ni de double *v*...

— Mais alors, comment ils font pour leurs adresses Internet ?

— Tu veux dire pour le triple *w* ? Ils disent *vou-vou-vou*. Et ils ont aussi débarrassé leur alphabet des *j* et des *k*.

— Et alors ?

— Eh bien, ça leur a fait de la place pour autre chose !

— Tu crois que c'est pour cela qu'ils ont *blu* et *azzurro* alors que nous, on n'a que "bleu" ?

— Disons que ça m'amuse de le penser, de penser aussi que c'est pour ça qu'ils ont gagné ce soir. »

9. *L'oreille absolue*

Donc, le ciel est bleu d'azur, mais la mer bleu marine, et l'outremer d'un autre bleu encore, sans parler de la Prusse ni du cobalt.

Ni des pervenches du jardin, ni des pervenches qui mettaient des papillons aux automobilistes.

Quant aux *turchini*, les petits orphelins chanteurs de Naples qui étaient promis à la castration s'ils chantaient suffisamment bien, ils tiraient leur nom du bleu turquoise de leur uniforme, comme les supporteurs du club de foot de Bastia. Enfin, dans un autre genre.

Avec Justine, pour meubler le temps des longs voyages en voiture, on jouait à une version colorée du dictionnaire. Il fallait trouver le plus grand nombre possible de noms de couleurs et elle aimait beaucoup le jaune poussin. Dans les bleus, on osait donc aussi le pétrole et l'acier, on trouvait l'indigo, on réfléchissait au bleu roi. On avait appris le cyan, complémentaire du rouge en imprimerie, et bien ri à propos des bleuets qui ne sont pas les cousins des rougets…

On était incollables.

Puis, on s'était mis à les reconnaître sur place. Et on ne confondait aucun d'entre eux avec d'autres.

Aucun besoin d'une palette à la main, d'un quelconque diapason lumineux, on savait les identifier du premier coup.

Mais c'est tout de même étonnant que la lumière ressemble au son. La longueur qui caractérise une onde de lumière bleue, c'est environ quatre cent soixante-quinze nanomètres, cent fois moins que l'épaisseur d'un cheveu fin. Le bleu cyan tire un peu sur le vert et fait cinq cents nanomètres pile, mais à six cents nanomètres, on est déjà dans l'orange. À six cent cinquante nanomètres, on est dans le rouge, qui n'est, en somme, qu'un peu plus grave que le bleu.

Ah ! on avait l'œil ! l'œil absolu !

Alors que l'oreille, ça, c'était plus difficile. Et pourtant, la longueur d'onde du *la*, celui du diapason, celui qui est au milieu de mon clavier, fait soixante-huit centimètres. Celle du *sol*, qui est juste en dessous, fait soixante-seize centimètres. En proportion, la différence est beaucoup plus grande qu'entre un bleu ciel et un indigo. Mais aucun d'entre nous n'a jamais été capable de distinguer un *sol* d'un *la* sans l'aide d'un diapason.

Mon père, lui, il l'avait, l'oreille absolue.

À l'époque, la tonalité du téléphone était accordée sur le diapason, mais il ne décrochait jamais son téléphone pour me dire que mon impromptu était en *sol* bémol, ou quelles notes jouaient les pompiers pour faire pin-pon.

Il l'entendait.

Lui.

Et pourquoi pas moi ?

Plus tard, j'ai lu que l'oreille absolue, on pouvait l'acquérir en s'entraînant, mais je n'ai jamais eu le courage d'essayer. J'étais sûr que c'était impossible, que mon père était génial et pas moi. Et puis, récemment, j'ai lu plein de choses sur la plasticité du cerveau, sur la manière dont nos neurones se connectent jusque vers six ans, afin de mieux entendre les sons puis de les reproduire. Il paraît que les gens qui ont l'oreille absolue, c'est très souvent parce qu'ils ont commencé la musique à trois ou quatre ans.

Comme mon père.

Il paraît aussi que six ans, c'est l'âge limite pour bien apprendre à parler une langue. Je me suis dit que comme je n'étais pas né en Chine, je n'avais aucune chance d'entendre la différence entre les sons du chinois, encore moins de le parler sans accent. D'ailleurs, dès que je commençais à parler anglais, on me demandait si j'habitais à Paris…

J'étais rassuré.

J'étais normal.

Mais pourquoi est-ce que je n'ai pas commencé le piano à quatre ans ?

Plus tard encore, l'oreille de mon père a baissé et il s'est mis à entendre un *si* bémol quand c'était un *do*. Cette impression que son piano était désaccordé l'agaçait terriblement.

Moi, au moins, avec mon oreille relative, je suis tranquille, je fais confiance à mon accordeur.

10. Soprano

Il paraît qu'il faut dire « un soprano ». Évidemment, c'est de l'italien. Mais celle-là, c'est une Italienne.

Élégante, grande, l'œil noir et vif, la beauté sur scène.

Le larynx bas mais la tête haute, la bouche entrouverte mais la cavité buccale gonflée, le diaphragme souple soutenant sans effort toute la colonne d'air dans un vibrato naturel, elle s'entend et sourit.

Derrière elle, on ne craint pas de jouer trop fort, on sait bien, on voit bien, on entend bien que ce soprano couvre tout l'orchestre philharmonique, tant son timbre est adapté aux zones de sensibilité maximale de l'oreille humaine.

11. Rambouillet

21 juin.

Le Soleil s'est réveillé à cinq heures trente-deux et nous a vite sortis du lit. À huit heures moins le quart, Rino nous attendait déjà devant son percolateur et nos rayons luisants réclamaient des coups de pédales. On aurait le temps de faire le grand tour, celui qui emprunte les anciennes allées royales de la forêt de Rambouillet, là où nos machines silencieuses débusquent les grands cervidés.

Au grand complet, au sommet de sa forme, notre peloton s'étire le long des grands hêtres, aspire la côte de Clairefontaine, s'incurve au pied du château de La Celle-les-Bordes, slalome entre les Vaux de Cernay, avale les lacets de Dampierre, et nos cuisses déjà bronzées continueraient bien ainsi toute la journée s'il ne fallait déjà rentrer.

À l'heure où les uns sortent de la messe, les autres de chez le pâtissier, où les benjamins de L'Haÿ-les-Roses ont déjà mis trois buts à ceux de Fresnes, nos poumons dilatés retrouvent la chaleur asphyxiante des boulevards, le goudron fondu et l'odeur nauséabonde des automobiles. Nous mettons le cap sur Paris.

12. *Observatoire*

Saint-Michel est un village de Haute-Provence. Avec Lucien, nous avions décidé d'aller y respirer la garrigue en fleurs. La route serpentait au milieu des chênes verts. Ça sentait bon le thym et les genévriers. Les cantonniers avaient taillé des haies de buis que les services départementaux n'avaient pas encore remplacées par des rails métalliques. Les cigales appréciaient. Nous aussi. On était loin de tout, tranquilles, heureux.

Là-haut, les nuits sont calmes et l'air bien sec. Pas de pollution, ni lumineuse, ni chimique, ni même sonore. Le ciel est d'une incroyable pureté, un rêve pour l'astronome.

Le 9 novembre 1936, Jean Perrin décida d'y construire un observatoire. Cela faisait dix ans que les académiciens de Stockholm lui avaient attribué le prix Nobel pour avoir démontré l'existence des atomes, mais seulement six mois que le Front populaire avait gagné les élections. Nommé « sous-secrétaire d'État à la recherche scientifique » par Léon Blum, Jean Perrin n'allait pas perdre de temps et créer non seulement l'Observatoire de Saint-Michel, mais surtout le Centre national de la recherche scientifique, fer de lance de la science française dont je suis heureux d'être l'employé, et aussi le palais de la Découverte, un endroit où les cheveux des collégiens se dressent sur leurs têtes et où j'ai toujours aimé rencontrer d'innombrables curieux. Six mois plus tard, Léon Blum allait être contraint à la démission, mais les congés payés constituaient un progrès irréversible, et les travaux de construction de l'observatoire avaient commencé.

En 1943, on installa à Saint-Michel un grand télescope de 1,20 mètre de diamètre, puis un autre de 1,93 mètre en 1958 et encore un de 1,52 mètre en 1967. Le lieu semblait donc admirablement équipé. Pourtant, comme l'astronomie mondiale dispose aujourd'hui de deux télescopes de 3,60 mètres, l'un à 4 200 mètres d'altitude sur un sommet de Hawaii, et l'autre à 2 450 mètres sur un sommet des Andes chiliennes, comme le satellite *Hubble* tourne avec son télescope de 2,40 mètres à vingt-sept mille kilomètres à l'heure et à six cents kilomètres d'altitude, certains pensent que l'Observatoire de Saint-Michel est dépassé. L'avenir n'est-il pas à ce qui est grand, moderne, cher et spectaculaire ?

Big isn't beautiful ?

Il faut croire que tel n'était pas l'avis de deux astronomes de Genève, Michel Mayor et Didier Queloz. Le 23 novembre 1995 en effet, la revue *Nature* annonçait qu'ils avaient découvert une planète en dehors du système solaire, autour de l'une des étoiles de Pégase. Et c'était bien sur le grand télescope de Saint-Michel que Mayor et Queloz avaient fait cette découverte majeure.

Une année entière de mesures soigneuses, en compagnie des grillons de Haute-Provence, avait été nécessaire.

Et l'on se mit d'arrache-pied à chercher d'autres planètes autour d'autres étoiles.

Car la question se pose sérieusement : sommes nous seuls dans l'Univers ?

Des martiens à E.T., notre imagination va bon train. Mais « y a-t-il quelque chose de réel là-dedans ? » comme avait dit Einstein en d'autres circonstances.

À l'heure où j'écris ce livre, on a déjà découvert plus de deux cents planètes autour de diverses étoiles. Pour cela, les astronomes ont mesuré soit la couleur, soit l'intensité de la lumière émise par ces étoiles. De même que le pin-pon des pompiers est plus aigu lorsqu'ils viennent vers nous que lorsqu'ils s'éloignent, et ce d'autant plus qu'ils vont vite, de même la couleur des étoiles dépend de leur vitesse : quand elles s'éloignent, elles rougissent. Mais si une grosse planète tourne autour d'une étoile, cela fait osciller la vitesse de cette étoile par rapport à nous, donc sa couleur. C'est en mesurant ces oscillations de couleur que Mayor et Queloz ont détecté leur première planète. Un phénomène : grosse comme la moitié de Jupiter, elle tourne en cinq jours seulement autour d'une étoile dont elle est vingt fois plus proche que la Terre du Soleil !

Mais les astronomes sont malins et ont une autre corde à leurs télescopes. Ils ont mesuré des éclipses partielles d'étoiles. En effet, lorsqu'une planète passe entre ces étoiles et nous, elle masque une partie de la lumière émise, exactement comme la Lune nous cache parfois le Soleil. Bref, on a trouvé beaucoup de planètes en dehors du système solaire.

« Peut-être que, dans le tas, il y en aurait une qui ressemblerait à la Terre ?

— Et peut-être qu'il y aurait de la vie dessus ? »

Quelles sont les conditions nécessaires à l'apparition de la vie sur une planète ? Si c'est une vie inconnue, mystère complet, évidemment. Mais si c'est une vie qui ressemble à la nôtre, on a du mal à imaginer qu'elle puisse se passer d'eau et d'air respirable. Les diverses sondes robotisées qui sont allées scruter Mars nous ont appris beaucoup de choses à ce sujet. Si c'était juste une question de taille et de distance à l'étoile, de distance à l'autre Soleil autour duquel cette planète tourne, on devrait bientôt découvrir de la vie extraterrestre.

« Vraiment ??

— Vers 2030, on devrait avoir découvert des dizaines de milliers de planètes et surtout, les progrès des télescopes devraient nous permettre de photographier leur forme, leur surface, leurs éventuels continents, océans, nuages, etc.

— Mais c'est bientôt, 2030 ! Si on découvre des extraterrestres, tu crois que l'Église catholique va prétendre qu'ils ont le même dieu que nous ?

— Le plus intéressant est que, vraisemblablement, trouver une planète de taille et d'orbite comparables à celles de la Terre autour du Soleil ne suffira sans doute pas. Il faudrait qu'elle ait un champ magnétique…

— Pour trouver le nord avec une boussole ?

— Oui, enfin, ce n'est pas seulement parce que vivre déboussolé est difficile, c'est surtout parce que ce champ magnétique nous protège des flots de particules que le Soleil n'arrête pas de nous cracher dessus.

— Le Soleil nous crache dessus ?

— Oui, des rayons cosmiques qui ont soufflé l'atmosphère martienne parce que Mars n'a pas de champ magnétique.

— Et qu'est-ce qu'il faut pour avoir un champ magnétique ?

— Il faut une source radioactive à l'intérieur, suffisamment d'uranium pour chauffer le noyau liquide de la planète et qu'il se mette à faire des tourbillons. Comme ce noyau contient surtout du fer et du nickel, qui sont métalliques, ce mouvement turbulent crée un champ comme le ferait un courant électrique dans une bobine.

— Tu ne m'avais pas dit un jour qu'il faudrait aussi qu'il y ait une extra-Lune autour de cette extra-Terre, afin de stabiliser son axe de rotation, qui ne devrait pas pointer vers cet extra-Soleil sous peine que son eau s'évapore ?

— Si, effectivement, et comme la Lune s'est formée au cours de la collision, de travers et néanmoins titanesque, d'une planète ressemblant à Mars avec la Terre, il y a environ 4,5 milliards d'années, on a peu de chances de découvrir un tel couple extra-Terre/extra-Lune autour d'une étoile.

— En somme, tu ne crois pas vraiment qu'on va trouver des extraterrestres en 2030 ?

— Malheureusement, je n'y crois pas trop, mais ce serait une découverte tellement magnifique que je suis très heureux qu'on cherche.

— Et tu crois qu'on pourrait communiquer avec ces extraterrestres ?

— Ah ! Pour cela, il faudrait entrer en communication avec eux juste au bon moment de leur évolution pour qu'il y ait des physiciens sur cette planète, pas seulement des bactéries ou des champignons, ou même seulement des fossiles, et alors là, la probabilité devient vraiment faible, parce que sur la Terre, qui a donc 4,5 milliards d'années, la physique des télécommunications n'existe que depuis environ un siècle. Dommage ! »

Lucien prit un air pensif :

« Tu crois que la vie sur Terre va s'arrêter ?

— Sûrement.

— Bientôt ?

— Cela dépend de la manière dont certains vont brûler le pétrole, le gaz naturel et le charbon qu'on trouve encore dans divers puits et autres mines. »

13. *Couches*

Naples et ses milliers d'églises.

L'une d'entre elles, San Lorenzo, a une porte latérale, une porte vers l'histoire ancienne, qui ouvre sur des escaliers.

Lucilla m'en a fait descendre les marches.

Ainsi, ensemble, nous avons remonté le temps.

Au premier sous-sol, les fondations du Moyen Âge, au deuxième une ville romaine, avec boutiques, ruelles et bains publics, au troisième les pierres monumentales de la ville grecque. Ah ! monsieur Bush junior, vous qui ironisez sur les vieux pays, vous dont l'histoire remonte à peine à Bush senior, fouillez donc sous un McDo et dites-moi si vous y trouvez quoi que ce soit qui puisse éduquer votre pois chiche capital !

À Naples comme à Rome, la ville est un gruyère qui nous enseigne l'Histoire, ces quelques milliers d'années qui séparent la couche de notre civilisation récente de celles de nos ancêtres, ces quelques milliers d'années qui sont riches et pourtant ne sont rien au regard de l'âge de l'humanité.

L'*homo sapiens* ? Deux cent mille ans !

Les hominidés Lucy et Toumaï ? Quelques millions.

La Terre, quatre milliards et demi et l'Univers trois fois plus.

Oui, monsieur Bush junior, un peu de modestie face à l'Histoire vous ferait du bien ! Et si vous vous intéressiez un peu à d'autres couches, celles de la glace polaire par exemple, celles qui nous disent quelle fut la température de notre fragile planète depuis quelques millions d'années, vous comprendriez comment la température de la Terre fluctua au cours des âges et pourquoi votre irrépressible plaisir à gaspiller le pétrole entraîne l'humanité à sa perte.

Alors, monsieur Bush junior, pensez aux couches, à celles de nos enfants futurs, à celle de votre ignorance, aux couches géologiques, aux couches de glace ou aux couches de peinture, mais pensez, nom de nom !

14. *Anormale*

J'ai du mal à travailler lorsque mon bureau n'est pas au moins un peu rangé.

L'ordre ainsi apporté ne me permet pas seulement de trouver où est quoi plus vite, l'ensemble prend aussi moins de place. L'empilement régulier des papiers est plus compact que l'arrangement désordonné qui précédait. Et cet ordre libère un espace pour mes coudes, lequel, par un miracle que je ne comprendrai jamais, permet aussi à mes petites idées de respirer un peu.

Ainsi, ordre et désordre se battent sur ma table et dans ma tête, pas seulement lorsque la matière hésite entre cristalliser ou fondre. Or les cristaux sont des arrangements d'atomes ou de molécules en piles régulières, alors que les liquides sont désordonnés, donc un liquide qui gèle, normalement, se contracte.

« "Normalement" ? Ça veut dire pas toujours ?

— Il se trouve que l'exception la plus remarquable, ce liquide anormal qui se dilate au lieu de se contracter en gelant, c'est le liquide qui nous est le plus familier.

— L'eau ??

— L'eau. »

L'eau liquide est plus dense que la glace, donc les glaçons flottent dans mon verre.

À propos, si j'étais moi-même normal, peut-être ne flotterais-je pas continuellement entre la réalité et ses modèles ?

Heureusement que la normalité n'est pas mon idéal de vie !

Toujours est-il que, si l'eau était normale, la vie, justement, ne serait pas ce qu'elle est. Par exemple, si la glace était plus dense que l'eau liquide, elle descendrait au fond de l'océan Arctique qui, progressivement, gèlerait en entier.

Pas de banquise flottante, ni d'icebergs ! Ça changerait le climat de la planète.

Et puis, si l'eau était normale, le sang aurait aussi du mal à circuler dans mes poumons.

Esther a paru surprise quand je lui ai parlé de ça et m'a dit :

« Vraiment ?

— Les molécules d'eau ont une tête (un atome O) et deux petites jambes écartées (deux liaisons chimiques O–H avec deux atomes d'hydrogène H)…

— … pas de bras ?

— Loin de leurs voisines, non, pas de bras. Mais lorsqu'elles se rapprochent, la tentation doit être trop forte, deux petits bras leur poussent, qu'on appelle des « liaisons hydrogène ». Ces bras sont grands ouverts et les molécules se tiennent par la main. En groupe, les molécules d'eau ont donc deux bras et deux jambes et forment des ribambelles. Quand il fait froid, elles ont besoin de se tenir fort et les ribambelles se referment comme des enfants qui feraient la ronde, avec un grand vide au milieu. S'il fait vraiment froid, les ribambelles se figent avec leurs vides : c'est la glace ordinaire que nous connaissons. Il y a plein de sortes de glaces différentes, mais bon, je ne vais pas tout te dire sur les sociétés de molécules d'eau froide.

— Et s'il fait chaud ?

— Alors là, les molécules s'agitent tellement qu'elles se lâchent la main. Plus de ribambelles, plus de rondes, plus de bras écartés, c'est chacun pour soi et ces agitées se retrouvent encore plus serrées les unes contre les autres malgré leur refus de se tenir la main. Le désordre l'a emporté sur l'ordre et l'eau chaude est plus dense que l'eau froide, surtout que la glace. Comme il y a peu de molécules à deux jambes à qui deux bras peuvent aussi pousser, l'eau est différente de presque tous les autres liquides, elle est anormale. Elle se contracte quand on la chauffe, et la glace flotte.

— Et contre un mur ?

— Pas question, bien sûr, de faire la ronde, les molécules d'eau n'ont pas assez de place. L'eau reste donc bien fluide près d'une paroi solide, contrairement à la majorité des autres liquides. C'est ce qui permet au sang de circuler dans les plus petits de nos vaisseaux bien que l'espace disponible entre les parois de ces vaisseaux soit très étroit.

— Et si la glace glisse, c'est encore parce que l'eau fait son originale ?

— Si la glace glisse ? Moi, la glisse me glace depuis que j'ai bien failli me tuer à la barre des Écrins. J'avais dix-huit ans, Pierre aussi, et on était partis à l'assaut de notre premier quatre mille, pour fêter ça. Mais la chaleur de l'été avait transformé la brèche qui sépare le dôme de la crête finale en un toboggan luisant. Au moment où, taillant des marches au piolet, en équilibre instable sur quelques pointes de crampons, je me rendais compte que je n'arriverais jamais à faire demi-tour sur une pareille patinoire, un guide m'a lancé un ironique "Attention à la glissade !" qui a bien failli nous balancer mille mètres plus bas. Bref, pourquoi ça glisse ?

Depuis le temps que l'humanité dérape, il traîne de nombreuses idées fausses sur la glissade. L'anormalité de l'eau était-elle encore une fois responsable de nos bras cassés ? Au XIXe siècle, James Thomson s'est acharné à expliquer que la glace fond quand on appuie dessus, une autre preuve de son anormalité, et qu'une lame de patin à glace appuyant fort, les patineurs devaient profiter de l'anormalité en question. Mais cette pression n'est pas suffisante pour expliquer qu'on patine sans problème, en particulier par très grands froids.

Préférant sans doute le ski, d'autres ont invoqué le frottement qui, en dégageant un peu de chaleur, ferait fondre la glace en surface.

— C'est pas bête…

— Non, mais tu sais bien que, même sans frotter, un piéton immobile sur une plaque de glace se sent instable. En fait, c'est Michael Faraday qui a trouvé la bonne explication. On dérape sur la glace comme dans la salle de bains lorsqu'il y a de l'eau sur le carrelage : une fine couche d'eau recouvre toujours la surface de la glace. On pourrait penser que les molécules de surface manquent de copines pour faire la ronde mais en fait, cette fois, cette histoire de mouillage est commune à tous les solides : en général, un liquide s'étale toujours parfaitement sur le solide correspondant. Notre vie quotidienne ne nous fait simplement pas rencontrer suffisamment d'autres solides proches de leur point de fusion comme la glace près de zéro degré. En effet, ce mouillage de surface n'existe que près de ce point de fusion, entre zéro et moins trente-cinq degrés pour la glace. Et la pellicule d'eau qui recouvre la surface de la glace sert de lubrifiant.

— Ah oui ! ça glisse sur les routes mouillées !

— Surtout si on a des pneus lisses et que l'eau n'a pas le temps d'être évacuée lorsqu'on roule dessus. Les pneus pluie ont des sculptures pour évacuer l'eau. On fait aussi des routes poreuses. Mais sur de la glace, si on chasse l'eau, elle se reforme toute seule, parce que la glace fond toujours un peu en surface. Pas besoin d'appuyer dessus ni de chauffer. Résultat, on glisse toujours.

— Mais alors, tes molécules qui se tiennent par la main, on doit avoir plus de mal à les séparer lorsqu'il fait froid ?

— En principe oui, mais on voudrait calculer tout ça avec précision, et on n'est pas sûr de savoir faire. Pourtant, il y a des types très forts qui travaillent dur là-dessus et qui savent résoudre des problèmes qui ont l'air beaucoup plus difficiles.

— C'est pour cela que tu casses de l'eau, pour voir si les calculs prévoient la bonne force avec laquelle il faut tirer sur l'eau pour que ses molécules se séparent ?

— Oui, sauf que justement, pour l'instant, avec Éric et Frédéric, on trouve pas la même chose que ce que prédisent les calculs ; on se demande donc si les calculs sont faux, ou si c'est notre eau qui n'est pas assez propre. C'est très difficile de préparer de l'eau vraiment propre. L'eau dissout tout ce qui traîne.

— C'est pour cela que la vie s'y est développée ?

— Au moins la vie que nous connaissons sur la Terre. »

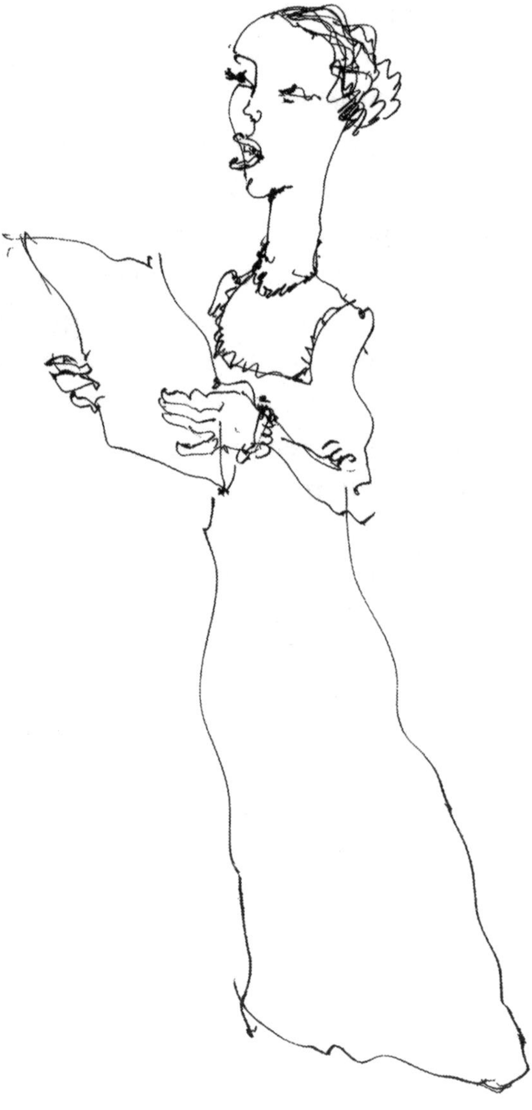

15. Silence

Tu te souviens de nos séances de stretching hebdomadaires ?

C'était l'hiver. Pour aller au gymnase de la rue d'Ulm sans prendre froid, nous empruntions le couloir qui passait sous la rue Érasme, entre notre laboratoire et le bâtiment voisin, celui de la vieille école.

Avec ses espaliers au mur et les lignes d'un ancien terrain de tennis au sol, ce gymnase avait un look d'avant-guerre.

J'ai repensé qu'à l'époque de sa construction, les filles n'étaient sans doute que tolérées dans cette vénérable école pour garçons. Les douches étaient donc collectives. Quant aux rideaux, ils devaient être d'origine pour fermer si mal.

Une terrible envie de te voir m'avait envahi.

Pouvais-je me permettre d'écarter ce rideau ?

Était-il donc bien vrai que ce sont toujours les femmes qui décident ?

Avais-tu deviné mes hésitations, ma présence à tes côtés ?

Les autres avaient déjà quitté les lieux.

C'est toi qui as écarté ce rideau et tu es sortie. Nue.

Puis tu t'es approchée.

Tes seins étaient durs et ont effleuré ma poitrine. Tu me provoquais en souriant. Tu t'es approchée davantage et j'ai senti ta toison, si drue, tellement ferme, si jeune.

J'avais le feu au ventre.

Alors, nos regards se sont croisés.

Que dire ? Notre silence valait tous les mots imaginables.

Le lendemain après-midi, tu es venue chez moi.

Tu avais un chemisier en dentelles et j'ai commencé à en défaire, un à un, les boutons.

« Je peux ? » ai-je murmuré, le souffle déjà court.

À nouveau, tu as souri. Décidément, tu préférais le silence.

Tu portais tes dentelles à même la peau et j'ai dégagé tes seins. Tu les avais ronds, d'une jolie teinte sombre, légèrement satinée. Ils appelaient mes mains.

J'en ai effleuré les contours et tu as frissonné.

Puis j'ai roulé dans tes bras mais c'est entre tes jambes que tu me voulais.

Tu étais inondée de désir, brûlante, offerte, heureuse. Tu ne disais toujours rien.

La parole serait-elle pour plus tard ?

Au moment où j'entrais en toi, j'ai senti ta chaleur qui me pénétrait. Tu étais l'intérieur et l'extérieur, la volonté et la tendresse, la douceur du désir et sa violence.

Dans l'échange de telles délices, nous étions pleinement homme et femme, à égalité.

Mais, par la suite, nous n'en avons jamais parlé. T'en souviens-tu, au moins ?

16. Chaleur

Charlotte avait six ans et Lucien quatre. C'était le matin. On prenait la rue Lecourbe à huit heures dix et on se dépêchait pour être à l'école de la rue Blomet pour huit heures vingt. Dans ma main gauche, la main droite de Charlotte, et dans ma main droite, la gauche de Lucien. Tous les matins, nous échangions ainsi un peu de chaleur et beaucoup de tendresse.

« Et pourquoi c'est chaud, une main ?

— Il nous faut une centaine de watts pour vivre, en particulier pour maintenir notre corps aux environs de trente-sept degrés. Lorsque nous tenons une main, notre paume est au contact d'une autre paume à la même température au lieu de perdre sa chaleur vers l'extérieur, d'où cette impression de chaud.

— Mais si tu tenais un morceau de bois chaud ?

— Notre corps est plein d'eau. Or l'eau est exceptionnellement douée pour emmagasiner la chaleur, beaucoup plus douée que le bois par exemple. Donc si je prends un morceau de bois chaud, mon corps a vite fait d'en absorber la chaleur et de le refroidir. De plus, le bois conduit mal la chaleur, la surface du bois peut donc facilement être moins chaude que l'intérieur, et il n'y a que la surface qui compte.

— Et du métal chaud ?

— Les métaux emmagasinent beaucoup plus de chaleur que le bois et, surtout, la conduisent mieux, j'ai donc toutes les chances de me brûler. Évidemment, si c'est une feuille mince, ma main qui la tient la refroidira avant que j'aie le temps de me brûler. Si je réchauffe une part de tarte au four sur une feuille d'aluminium, je peux facilement la sortir en tenant la feuille sans me brûler. Mais si je prends un morceau de fer massif, qui emmagasine beaucoup plus de chaleur qu'une feuille d'aluminium, alors là, je me brûle.

— Et avec du froid, on peut se brûler aussi ?

— Ah ça, oui ! D'ailleurs, un jour, dans mon labo, je transportais de l'azote liquide dans un gros bidon de cent litres. Il devait peser dans les cent vingt kilos et les roulettes se sont prises dans une plaque au sol. Le bidon a versé et j'ai voulu le rattraper. J'en avais besoin, de mon azote ! Mais mon précieux liquide était à moins cent quatre-vingt-seize degrés, et…

— Holà ! c'est froid, ça !

— Oui, enfin il y a encore plus froid dans mon labo, mais en prenant le col de mon bidon d'azote à pleines mains, j'ai senti le métal coller et compris juste à temps que si je ne laissais pas tout mon azote se répandre par terre, j'allais lui donner cinquante centimètres carrés de ma peau. J'ai mis trois semaines ensuite à soigner mes brûlures.

— Après ça, la physique ne t'a pas dégoûté ?

— J'ai fait plus attention au chaud et au froid.

— Et les enfants ?

— Chaque fois que je donne la main à un enfant et qu'il me donne la sienne, j'ai les larmes aux yeux. »

Les 17 tournants

Dampierre.

Devant le château, les gros pavés me prennent pour un prunier domestique. Au carrefour, on tourne à gauche et la route se redresse. J'aborde les dix-sept tournants.

En vallée de Chevreuse, les lacets sont rares, donc, ici, les grimpeurs se croient en montagne.

Les gros bras de l'AC Boulogne-Billancourt vont-ils encore me montrer que l'orange et gris, cela se mérite ?

Mais aujourd'hui, j'ai la forme. J'ai les poumons comme un spinnaker, je ne vais pas me laisser faire. Non mais ! qu'est-ce qu'ils se croient, tous ces petits jeunes ? Je me dresse sur mes pédales, j'ai le feu aux cuisses et la légèreté d'une vraie danseuse.

Alors, je les compte, ces tournants, et j'en suis déjà à treize. Voilà le quatorzième. Quinze, seize... C'est bon, je tourne une dernière fois à gauche et le ciel se détache au bout de la ligne droite.

Ils ne m'ont pas eu.

J'ai dû mettre moins de trois minutes.

Maintenant, j'en suis sûr, je suis prêt pour les vingt et un virages, ceux de l'Alpe-d'Huez.

18. *Flocons*

Je me souviens de l'hiver, au Creusot. J'étais juste assez grand pour voir le jardin de ma grand-mère par la fenêtre. J'avais le nez contre la vitre froide mais le ventre au chaud, contre le radiateur en dessous. Dans cette région minière, la terre était sombre et la première neige tout un spectacle.

Les flocons faisaient un bon centimètre de large et descendaient lentement. J'avais le temps de les suivre un par un et cela me donnait l'impression de monter. Comme l'air chaud qui me caressait.

Mais pourquoi l'eau gèle-t-elle ainsi, en forme d'étoiles à six branches et pas de grêlons ou de glaçons compacts ? Ce n'est tout de même pas pour tomber plus lentement et donner aux enfants le temps de regarder les flocons !

Ces flocons se forment directement à partir d'air humide, pas à partir de gouttes d'eau comme les grêlons. Dans cet air humide, les molécules d'eau sont loin les unes des autres, elles mettent longtemps, dans leur promenade hasardeuse, à rencontrer un flocon en formation, à s'attacher dessus et ainsi à le faire grossir. Et si ce flocon a déjà une branche qui dépasse, la molécule qui erre dans les environs a plus de chances d'atterrir au bout d'une pointe qu'à l'intérieur, entre deux pointes. Alors la branche de l'étoile grandit. Mais ensuite, quand les branches principales deviennent vraiment grandes, il y a du vide entre elles et les molécules ont la place de s'y infiltrer. Il pousse donc des branches secondaires parce que le même phénomène se reproduit : si par hasard une molécule se colle sur le côté de cette branche, les autres molécules qui passent par là vont avoir plus de chances de se coller sur cet embryon de branche secondaire qu'à côté, dans un creux qui est plus difficile à atteindre, et les branches secondaires grandissent à leur tour et remplissent progressivement le vide entre les branches principales. Et ainsi de suite.

C'est comme les arbres, évidemment, sauf que là, c'est la lumière qui éclaire et active la croissance plus facilement à l'extérieur qu'à l'intérieur.

Mais dans les arbres, la matière n'est pas cristalline comme dans la glace. C'est le désordre général. Les branches poussent dans toutes les directions. Comme la glace est cristalline, les molécules n'y ont pas tous les droits. Leur règle de conduite, c'est de dessiner des hexagones réguliers. Les flocons de neige sont donc plats, avec des branches dans six directions principales qui font entre elles des angles de soixante degrés.

Parfois, au cours de sa chute, le flocon se réchauffe un peu, les pointes fondent et des petits ponts se forment entre branches latérales, puis le flocon recristallise et d'autres branches repoussent, comme un arbre qu'on aurait taillé et qui reprendrait sa croissance l'année suivante. Le hasard des voyages moléculaires et celui du chaud et du froid rencontrés par les flocons au cours de leur chute sont les sources de la diversité de leurs formes.

À Aspen, dans le Colorado, il doit y avoir un phénomène météorologique particulier, la stabilité des vents d'ouest qui font monter l'air humide du Pacifique le long des pentes peut-être. Je ne sais pas très bien pourquoi, mais les flocons sont très découpés, légers comme du duvet. Le ski en poudreuse profonde est un pur délice, là-haut. En revanche, dans le bas de nos stations alpines, surtout avec le réchauffement climatique, on active des canons à neige pour faire de la neige artificielle. Ils crachent des brouillards de gouttelettes qui gèlent d'un coup au contact de l'air froid, et on skie sur des tapis de grêlons. Léo est comme moi, il n'aime pas beaucoup cela.

Et puis les villages sont non moins artificiels, tout en béton. À propos, le béton aussi est fait de flocons, pas de flocons de neige évidemment, mais de cristaux pleins de branches qui sont entrelacées. Cette fois, c'est parce que la chaleur a du mal à pénétrer entre les branches des cristaux qui poussent, mais le principe est le même. Et comme le plâtre, c'est encore la même histoire, et même l'acier, en fait, les stations de ski modernes, même quand il n'y a pas de neige, elles sont pleines de flocons.

19. *Des crevettes…*

Les militaires américains n'aiment pas les crevettes du golfe du Mexique.

On ne doit pas avoir les mêmes goûts.

Il faut dire qu'elles font tellement de bruit sous l'eau que les sous-marins ennemis deviennent inaudibles. Ces braves bêtes vivent en colonies et n'arrêtent pas de faire claquer leurs pinces. On avait cependant du mal à croire que cela suffisait à faire un pareil vacarme. Or, l'année dernière, en Hollande, Detlef Lohse et son équipe de chercheurs ont compris qu'elles faisaient des bulles. En se fermant, les pinces produisent un jet d'eau de mer dont la violence est telle que cela étire l'eau et que des bulles grossissent à partir de l'air toujours présent dans la mer. Quand le jet est passé, les bulles se referment, elles « implosent », comme on dit, et c'est cela qui fait du bruit. Un petit bruit sec. Même si l'air de la bulle est humide.

Mes collègues hollandais pensent que les crevettes font claquer leurs bulles près des parois rocheuses pour en détacher les petits animaux qu'elles mangent. Moi, je pense que c'est peut-être aussi pour se dire bonjour, ou alors pour se moquer des militaires américains. À propos, les hélices de sous-marins, elles font des bulles dans les tourbillons qui naissent au bord de leurs pales. Ces bulles-là non seulement font du bruit mais en plus limitent l'efficacité des hélices et peuvent même faire des trous quand elles reviennent imploser sur les pales.

N'empêche, elles sont fortes, ces crevettes. Lohse a encore découvert qu'en claquant, leurs bulles émettent un peu de lumière bleue. Quand la bulle rétrécit, cela comprime l'air qui se trouve à l'intérieur et c'est comme dans ma pompe à vélo : quand on comprime, ça chauffe. Mais la bulle comprime son air humide beaucoup plus vite que moi l'air de ma pompe et les températures atteintes sont phénoménales. Plusieurs milliers de degrés ! Alors, les molécules du gaz perdent leurs électrons et émettent de la lumière, comme dans une flamme. Sauf que dans un feu de bois, la flamme est vers mille degrés, donc rouge, tandis que là, c'est tellement chaud que la bulle émet un petit éclair bleu.

En somme, grâce à ces sacrées crevettes, c'est un vrai sons et lumières au fond du golfe du Mexique.

20. … du champagne…

Moi, je ne mets plus jamais mes verres à champagne au lave-vaisselle. C'est mauvais pour les bulles et le champagne aurait moins de parfum.

En montant dans le verre, les bulles se couvrent de protéines aromatiques ; ce sont des molécules biologiques parfumées avec une tête et une queue. Seulement voilà, elles aiment bien se mettre la tête dans l'eau et la queue en dehors. Drôles de nageuses, ces protéines ! Enfin, c'est pour cela qu'elles se mettent à la surface des bulles, comme du savon qui sentirait bon le raisin. Bref, en arrivant à la surface, les bulles éclatent et libèrent leur parfum à proximité de mon nez qui a juste la place d'entrer dans la flûte. Parce que je préfère aussi la flûte à la coupe. Là, c'est une question de largeur de l'ouverture du verre : trop large, la coupe laisse s'enfuir le parfum alors que la flûte le concentre sur mon nez.

Si vous trouvez les coupes à champagne plus jolies, je ne vous en veux pas mais, je vous en prie, ne les mettez pas au lave-vaisselle ! Le lave-vaisselle utilise un produit de rinçage qui est hydrophile, pour que la dernière eau s'étale bien, ne fasse pas de gouttes qui sécheraient en laissant des traces. C'est le contraire de ce qui se passe sur le pare-brise de votre voiture. Là, il faut que l'eau reste en gouttes afin que l'essuie-glace puisse les chasser. Pour cela, les fabricants déposent à la surface du pare-brise une couche hydrophobe qui empêche l'eau de s'étaler.

Subtiles, ces affaires de mouillage. C'est l'amour et la haine de l'eau et, en général, pour l'huile, c'est le contraire. Une surface hydrophobe préfère l'huile. Donc, si vous mettez une goutte d'huile sur votre pare-brise, elle s'étale sous forme d'un film que l'essuie-glace a bien du mal à évacuer. Ah ! on ne peut pas tout avoir !

Quel rapport avec le champagne ? Regardez bien dans votre verre : les bulles naissent toujours au même endroit. Il y a par-ci par-là quelques endroits qui aiment visiblement les bulles. Ce n'est pas parce que ces endroits ont le nez fin, simplement parce qu'ils sont restés secs au moment du remplissage du verre. Et pourquoi secs ? Justement parce que ce sont des endroits hydrophobes, des sites favorables aux bulles qu'un produit de rinçage détruirait. S'il y avait des traces grasses, cela marcherait sûrement aussi, sauf qu'en général, vos verres sont propres, donc les endroits hydrophobes sont plutôt de tout petits morceaux de cellulose provenant du torchon que vous avez intelligemment utilisé pour essuyer votre verre.

Avec votre rage de propreté, vous faisiez de l'hydrophobie sans le savoir.

Donc, dans un verre essuyé à la main, il y a déjà de petites bulles. Elles grossissent en attirant le gaz carbonique présent en solution dans le champagne et se détachent lorsqu'elles sont suffisamment grosses. C'est maintenant le champagne qui met en pratique la poussée d'Archimède sans le savoir. En se détachant, les bulles laissent juste le germe suffisant pour qu'une nouvelle bulle grossisse au même endroit, se détache à son tour, n'oublie pas de prendre un peu de parfum le temps d'arriver jusqu'à votre nez qui les attend, et ça recommence et ça recommence.

Si vous préférez vraiment la science au champagne, je vous conseille d'attendre encore un peu avant de boire et de mesurer le temps qui sépare l'émission de deux bulles en un même site, vous verrez qu'il est remarquablement régulier.

Une vraie horloge, votre verre. Sauf si vous l'avez mis au lave-vaisselle, évidemment.

Et la bouteille, pendant ce temps-là ? Regardez bien dedans. Pas de bulles ? Et cela vous étonne ? Mais non, bien sûr, c'est évidemment parce que vous n'avez pas essuyé l'intérieur de cette bouteille avec un torchon. Ce n'est pas vous qui l'avez remplie ? Eh bien, alors, ce doit être parce que le fabricant a pris une bouteille particulièrement propre dans laquelle il n'y avait aucune trace de gras, aucun dépôt organique qui serait hydrophobe. Cela vous surprend encore ? Peut-être savez-vous une autre chose que j'ai apprise un jour en visitant les laboratoires de chez Saint-Gobain, à Aubervilliers : sur la petite chaîne de remplissage, les bouteilles se frottent les unes contre les autres. Si l'extérieur du verre était brut, ce frottement ferait des rayures et la bouteille ne serait plus aussi transparente que voulu. L'impression de pureté est indispensable. Le verrier projette donc sur l'extérieur du verre une fine couche de revêtement antichoc. Mais ce revêtement est un produit organique hydrophobe. S'il s'en déposait un tant soit peu à l'intérieur, des quantités de bulles apparaîtraient au moment du remplissage et le champagne perdrait son précieux gaz. Ce revêtement est donc déposé avec d'infinies précautions. Il en va de notre plaisir futur, lequel n'empêche pas de faire un peu de science, au contraire.

21. ... et des arbres

Mais l'arbre, la bulle le tue.

Je croyais que seuls les animaux, dont l'Homme n'est qu'un exemple particulièrement intéressant, faisaient des embolies. J'ai pourtant appris que dans le haut des arbres, l'été, lorsqu'il fait chaud, on entend aussi de petits bruits secs. Mais je vous assure qu'il n'y a pas de crevettes en haut des grands arbres, surtout l'été. Alors, qu'est-ce que c'est encore que ces bruits ?

Eh bien, l'eau du sol monte dans les arbres le long de canaux avant de redescendre chargée de biomolécules variées. Dans ces colonnes de sève, l'eau du bas tire sur l'eau du haut, qui est donc sous tension. Monter dans l'eau des arbres, c'est comme faire de la plongée sous-marine à l'envers : quand on monte, la pression diminue avec l'altitude alors que quand on plonge, la pression augmente avec la profondeur. Et les plongeurs savent parfaitement de combien – une atmosphère tous les dix mètres. Cela signifie que le poids d'une colonne d'eau de dix mètres de haut est le même que celui d'une colonne d'atmosphère d'environ dix kilomètres. Donc, lorsque je passe près des grands hêtres de la forêt de Rambouillet, qui font bien trente mètres, je pense à l'intérieur de leur tronc et à la résistance de leurs feuilles, tout en haut. Au niveau du sol, la sève est à la pression atmosphérique habituelle, disons un bar, ce qui est presque la même chose qu'une atmosphère. À dix mètres du sol, la sève est à zéro bar, la pression du vide. À vingt mètres, elle est à moins un bar, une pression négative. C'est un peu bizarre, mais cela veut simplement dire que l'eau est en extension, que les vingt mètres d'eau qui sont en dessous tirent dessus. À trente mètres, la sève est à moins deux bars, et c'est comme lorsque je tire sur un morceau de bois : si je tire trop fort, il casse. Casser, pour de l'eau, cela veut dire qu'une bulle apparaît, ce qui rompt la continuité du liquide. Lorsque cela arrive, que l'arbre, en somme, fait une embolie, la sève ne passe plus et les feuilles qui sont au-dessus se dessèchent.

Et pourquoi est-ce que cela arrive davantage l'été ? L'été, les feuilles transpirent, l'eau s'évapore par les petits pores qui se trouvent dessous. Pour la remplacer, de l'eau monte du sol. L'eau circule. Et lorsqu'il fait chaud, l'évaporation par les feuilles aspire tellement fort que l'eau du haut est encore plus déprimée que lorsque la circulation est moins intense. Elle a d'autant plus de chances de craquer. Il semble donc que les arbres ne grandissent pas indéfiniment, parce qu'ils font des embolies, surtout par temps chaud.

Il va sans dire que, si on leur faisait boire du champagne, à ces pauvres arbres, ce serait pire.

22. *Balance*

Parfois, le vélo, c'est entre la gastronomie et le slalom géant.

Je viens d'avaler le col du Télégraphe en hors-d'œuvre puis le Galibier sans faiblir et j'ai basculé vers le Lautaret.

La pente est forte et les virages serrés.

Le soleil et l'air frais m'enivrent.

La Meije est juste en face. Sur la droite, ses glaciers s'étendent jusqu'aux Deux-Alpes, là où j'avais obtenu mon chamois de bronze. Mais les vrais chamois, ceux de l'Oisans sauvage, ils sont à l'intérieur du massif. Avec Louis, j'en avais croisé à la bien nommée pointe des Chamois, derrière le Pavé.

Un gigot de chamois ? Ça me fait envie mais ça doit être interdit.

Je traverse le Lautaret et la route s'élargit. J'accélère.

J'ai fait dévoiler mes roues avant la saison de montagne et là, même à quatre-vingts à l'heure, aucune vibration parasite ne vient perturber mes rêveries.

Droite, gauche…

Les virages s'enchaînent. J'oscille doucement, je me croirais à skis. J'alterne mes appuis. Intérieur, extérieur. Je me balance d'une fesse sur l'autre.

Droite, gauche…

Balance, c'est mon signe du zodiaque. Vous y croyez, vous, à l'astrologie ? Non ? C'est comme moi, ça vous fait sourire ? Il n'empêche que les journaux en sont tellement pleins, de ces histoires de signes, que tout le monde y croit. Il paraît même que dans certaines boîtes, il y a des responsables qui recrutent avec l'aide d'un astrologue ; comme si la position des astres pouvait avoir une quelconque influence sur nos caractères ou nos aptitudes…

Enfin, après tout, comme cela, ils sont sûrs d'embaucher au hasard. C'est mieux que si la balance de leur jugement penchait systématiquement en défaveur de certaines catégories de gens.

Droite, gauche…

Droite, gauche…

Le vent chante, dans cette descente, c'est incroyable.

Moi, je penche en faveur du vélo.

Encore six kilomètres de bonheur avant de rentrer en ville. J'ai une faim de loup.

23. *Dynamo*

Le ressort n'était ni assez souple ni assez fort, et sur ma roue avant, toujours un peu voilée, ma dynamo frottait quand ça lui chantait. Au lieu de ronronner tranquille, elle bourdonnait en pointillé. La lumière de mon phare vacillait donc au rythme de mon pédalage. Oh ! on me voyait, mais sûrement moins qu'aujourd'hui, depuis que j'ai remplacé mon électromécanique par de l'électronique compacte, quatre diodes luminescentes qui clignotent comme si je fêtais l'an 2000 avec la tour Eiffel. Deux petites piles de rien, des AAA, fournissent plus de lumière que mes cuisses, pourtant gonflées par des milliers de kilomètres d'entraînement acharné.

L'Homme n'est pas une machine bien puissante. La Terre, en revanche…

Avec ses amis et collègues de deux Écoles normales supérieures, celle de Paris et celle de Lyon, avec ceux du CEA aussi, à Saclay et à Cadarache, Stephan Fauve vient de reproduire la dynamo terrestre dans un laboratoire spécialement conçu pour cela.

« La Terre aussi, elle a une dynamo, pas seulement ton vélo ?

parce que la circulation fluide se retourne. Il est stable pendant longtemps et hop ! le sodium en fusion décide de tourner à droite au lieu de tourner à gauche et la boussole voisine qui mesure le champ se met la tête à l'envers. Une Terre de trois cent mille watts. La vraie doit faire beaucoup plus.

Je parlais de cette découverte avec Jean-Pierre Bibring, l'autre jour. Il est planétologue, l'un des responsables des missions européennes qui viennent de trouver un peu d'eau souterraine sur Mars. Il me disait que Mars n'a plus de champ magnétique.

« Et pourquoi donc ?

— Parce que la planète Mars est trop petite, la quantité d'uranium radioactif n'y est pas suffisante pour continuer à faire tourner une machine thermique aussi puissante que dans le noyau terrestre.

— Et alors ?

— Et alors, tu sais que le champ magnétique terrestre nous protège des rayons cosmiques qui viennent du Soleil, le vent solaire ? Ce sont des particules chargées dont la trajectoire est déviée par le champ.

— Oui, c'est pour cela aussi qu'il y a des aurores boréales et qu'envoyer des hommes dans l'espace est très dangereux pour leur santé, ils sortent du champ terrestre et se prennent plein de rayons cosmiques dès qu'ils sont exposés au Soleil.

— Eh bien, en l'absence de champ magnétique pour la protéger, la surface de Mars a été balayée par le vent solaire qui en a soufflé l'atmosphère. Mars n'a pratiquement plus d'oxygène ni d'azote, il lui reste juste un peu de gaz carbonique.

— Et c'est pour cela que la vie y est impossible ?

— Exactement.

— Mais alors, la radioactivité et l'effet dynamo sont indispensables à la vie ?

— Au moins à celle que nous connaissons. »

Je me suis dit que, pour penser encore à la vie, je devrais me racheter une vieille dynamo.

24. *Butte aux Cailles*

Quand Justine était petite, j'allais la chercher au conservatoire Maurice-Ravel, derrière la place d'Italie. Sur le chemin du retour, la Butte aux Cailles, ainsi nommée à cause de M. Caille – rien à voir avec les oiseaux, donc, mais une vraie butte à escalader.

Pour gagner du temps, je la prenais sur mon vélo. Elle s'asseyait sur la barre horizontale du cadre, entre mes bras. Je nous imaginais dans un film de René Clair, mais la pauvre gémissait à chaque chaos. Heureux malgré tout, nous descendions un morceau de trottoir, boulevard Blanqui, encore jonché des reliefs du marché. Puis je grimpais sec par la rue du Moulin-des-Prés avant d'obliquer à droite par la rue Gérard qui devient Samson.

Il faisait noir dans ces ruelles le soir. Justine avait les jambes ballantes et j'avais peur qu'elle se prenne les pieds dans les rayons.

Puis nous traversions bravement la rue de la Butte-aux-Cailles avant de plonger à pic dans le passage Boiton. Au feu rouge de la rue de Tolbiac, c'était dur de repartir. Elle commençait à être lourde et les voitures, comme d'habitude, laissaient peu d'espace libre pour le moindre écart de direction.

J'avais peur du gendarme qui aurait pu nous interdire ce moment d'affection mais surtout peur de tomber avec mon précieux trésor. Et pourtant, nous avons souvent recommencé. C'était devenu un rite, la récompense après le solfège.

Je m'en souviens avec tendresse.

Elle aussi.

25. *Équilibre*

C'est toi qui m'as demandé : « Mais enfin, pourquoi je tiens debout, sur mon vélo ? »

J'ai essayé de t'échapper en répondant : « À pied, tu tiens bien debout, non ? Regarde, Madeleine, ça y est, elle sait faire. Elle a appris à se servir de ses petits muscles pour maintenir toujours son corps au-dessus de ses pieds. Et toi, quand tu as appris à faire du vélo, c'est pareil, tu as appris à maintenir le centre de gravité de ton corps au-dessus de la surface qui est entre les zones de contact de tes deux roues au sol. »

Mais tu ne t'es pas laissé faire. Tu as prétendu que je me moquais de toi, qu'il y avait autre chose dans cette histoire : « À l'arrêt, en vélo, je me casse la gueule. Qu'est-ce que c'est, cette comparaison ? Le vélo et la marche à pied, c'est pas pareil ! »

Alors j'ai dû t'avouer que l'équilibre des vélos est une affaire compliquée, puis tout reprendre à zéro :

« Couché par terre, tu es en équilibre stable, la gravité ne peut pas t'emmener plus bas. Debout, en revanche, tu es en équilibre instable. Tu n'y restes que parce que tu maintiens en permanence ta position au bon endroit, au-dessus de tes pieds. Si je t'immobilise les jambes les cuisses et le bassin, tu tombes au premier coup de vent, tu es d'accord ?

— Je suis d'accord, mais ce que je te demande, c'est en vélo !

— Un peu de patience ! Avec tes muscles, tu peux bouger ton corps dans tous les sens, en avant, en arrière, à droite, à gauche. C'est indispensable. Tu as déjà essayé de faire tenir un bâton vertical en équilibre sur ton doigt ?

— Oui, bien sûr, j'y arrive. Parfois, je cours même avec, comme ça je me sers aussi du vent pour ramener le bâton à la verticale.

— Moi, j'ai l'impression que dans la vie, c'est pareil, on est comme un truc debout qui a envie de se casser la gueule, mais on court pour ne pas tomber… Enfin, revenons au vélo. Je voulais juste te dire que, pour tenir debout sur un vélo à l'arrêt, il faut aussi pouvoir reculer, c'est comme pour le bâton. Les coureurs de vitesse sur piste, ils savent faire du sur-place parce qu'ils ont un pignon fixe sur leur roue arrière. Comme cela, s'ils pédalent à l'envers, ils reculent, alors que toi, sur ta bicyclette de ville, si tu pédales à l'envers, tu entends ta roue libre cliqueter mais tu ne recules pas.

— Oui, enfin, ils mettent aussi leur roue avant en travers.

— C'est pour élargir la surface d'appui au sol.

— Mais ma roue libre, elle me permet de descendre les côtes sans pédaler, alors que si j'avais un pignon fixe, je serais obligé de pédaler comme un dingue !

— C'est justement pour cela que les coureurs, l'hiver, pour améliorer leur souplesse, leur capacité à "tourner les jambes", comme ils disent, ils mettent un pignon fixe et ils prennent les descentes à fond !

— Bon, mais tu ne me diras pas qu'en vélo, ce n'est pas plus facile de tenir debout quand on roule qu'à l'arrêt, tout de même !

— Écoute, j'essaye de t'expliquer progressivement ce que je comprends moi-même, et je te dis que ce problème est compliqué ! Donc tu as raison, quand on roule, il y a quelque chose d'autre qui joue, c'est une question de forme de la fourche et de frottement au sol.

— Je sens que je ne vais pas comprendre !

— Mais si, tu vas voir. Tu as déjà essayé de marcher à côté de ton vélo en le tenant par la selle ?

— Oui, bien sûr !

— Et de reculer ?

— Tu recommences avec tes histoires de reculons ? Enfin, oui, je vois ce que tu veux me faire dire : si je tire mon vélo en arrière, la roue se met de travers au lieu de rester dans l'axe, et si j'étais dessus, je tomberais.

— Tu avoueras que, pour comprendre, on a intérêt à faire des expériences.

— Toi et ta physique expérimentale…

— Il n'empêche, pourquoi crois-tu que la roue se met de travers quand tu recules et reste dans l'axe quand tu avances ?

— C'est drôle, ton histoire, tu me fais penser aux remorques. Les types qui traînent ça derrière leur voiture, ils ont des problèmes pour reculer, c'est pas pour la même raison par hasard ?

— Attends, si tu sais faire des expériences et aussi chercher des raisons communes pour des phénomènes différents, tu devrais vraiment faire de la recherche en physique, tu sais ?

— Bon, tu m'expliques à la fin ?

— Eh bien, la roue frotte par terre, donc le sol exerce une force sur la roue, qui est parallèle à la vitesse mais dans l'autre sens, c'est-à-dire vers l'arrière si tu avances. La remorque, quand la voiture avance, elle est derrière son point d'attache, alors, si elle s'écarte un peu de l'axe, la force de frottement la ramène au milieu. Au contraire, si la voiture recule, alors la remorque est devant son point d'attache, et si le conducteur tourne un peu, ça l'écarte et le frottement au sol augmente l'écart, la remorque n'est pas en position stable quand la voiture recule, seulement quand la voiture avance.

— Je vois à peu près, et le vélo, c'est pareil ? Mais il est d'une seule pièce, mon vélo, pas le tien ?

— Attends, il y a le cadre et il y a la fourche, qui est articulée pour pouvoir tourner, donc un vélo, c'est en deux parties, comme une voiture qui tire une remorque.

— Oui, mais la fourche, elle est devant le cadre, pas derrière, alors ?

— Eh bien, il y a une astuce géniale dans la construction des vélos. La fourche, elle tourne autour d'un axe qui est penché, tu me suis ?

— Non seulement je te suis, mais je te préviens que la prochaine fois qu'on va rouler ensemble, je te dépasse.

— Alors, essaye de voir où est l'intersection de l'axe de la fourche avec le sol !

— Tu me fais faire de la géométrie dans l'espace maintenant ?

— Tu veux comprendre, oui ou non ?

— Bon, l'axe de la fourche, je le prolonge jusqu'au sol, d'accord, et après ?

— Eh bien, il arrive devant la roue ou derrière ?

— Là, je te vois venir, donc je vais être précis : devant le point de contact de la roue avec le sol.

— Bravo ! Donc la force de frottement qui s'applique à l'endroit où la roue touche le sol, elle est derrière l'axe de rotation de la fourche, et tu vois bien que c'est comme la remorque : si ta roue tourne un peu, le frottement la ramène droite.

— Et alors ?

— Eh bien, c'est pour cela que tu peux lâcher le guidon, tiens !

— Ah ! génial ! j'ai compris quelque chose ! Et pourquoi ma fourche est courbée, à propos ?

— Ça, je crois que c'est pour la suspension. Une fourche courbée est plus souple qu'une fourche droite.

Donc, pour ton confort, il vaut mieux une fourche un peu courbée, mais la mode des vélos de course a changé, aujourd'hui, et beaucoup de coureurs modernes ont des fourches droites. Ils y perdent en confort mais ils sont costauds, et je crois qu'ils y gagnent en agilité parce que la roue tourne plus facilement.

— Je préfère ma fourche courbée.

— Oui, moi aussi, c'est plus joli…

— … et si la courbure de ma fourche était tellement grande que la roue touchait le sol devant le point que tu m'as fait imaginer tout à l'heure, le prolongement au sol de l'axe de la fourche, ce serait pas joli non plus ?

— Ce serait surtout instable, tu ne pourrais pas lâcher ton guidon un seul instant sans risquer la chute immédiate. »

À ce point d'équilibre instable entre raison et incertitudes, notre discussion fit une pause forcée. J'avais crevé et devais réparer.

Il avait plu la veille et, comme d'habitude, le ruissellement avait amené sur la chaussée des éclats de silex que le passage des voitures n'avait pas encore chassés.

« Ça tombe bien, tu me fatigues avec ta physique. »

26. *La roue tourne*

J'avais démonté ma roue et je cherchais l'endroit de la crevaison.

Je me suis dit qu'après tout, c'est lui qui voulait comprendre cette histoire d'équilibre, et que j'allais vraiment lui expliquer tout ce que j'avais compris moi-même :

« Et la force gyroscopique, tu sais ce que c'est ?

— J'ai lu un article qui parlait de ça dans un journal, un jour. Le type prétendait qu'on tenait debout à cause de la "force gyroscopique", j'avais rien compris.

— Attends, on va faire une autre expérience. Prends ma roue et tiens-la bien par l'axe. Maintenant, fais-la tourner et essaye de la pencher vers la droite.

— Oh ! c'est bizarre, ça fait tourner l'axe !

— Voilà, la force gyroscopique, c'est cette réaction d'un objet qui tourne perpendiculairement à la force qu'on exerce dessus. Quand tu roules et que tu te penches sur le côté, il apparaît une petite force qui essaye de faire tourner ton guidon. Et si ton guidon tourne, c'est ta trajectoire qui s'incurve, et là, c'est une force centrifuge qui te ramène à la verticale.

— Ta force centrifuge, c'est ce qui m'emmène vers l'extérieur du virage lorsque je tourne en voiture ?

— Oui.

— En tout cas, si je me penche sur mon vélo, je ne sens rien, ni force gyroscopique ni force centrifuge, ça m'a l'air trop savant pour être vrai, ton nouveau truc.

— Écoute, je crois que cette force gyroscopique est faible. Un jour, un certain Jones a fabriqué un vélo avec des doubles roues inversées pour supprimer la force gyroscopique, mais il a montré qu'on tenait sur son vélo bizarre sans trop de problèmes. Enfin, en principe, cette force gyroscopique existe et doit s'ajouter à la force de frottement dont on parlait tout à l'heure pour ramener ton vélo droit. Quant à la force centrifuge, si tu ne me crois pas, prends un virage à fond sans te pencher, et on en reparle.

— Je vois, je me penche dans les virages pour que mon poids s'oppose à la force centrifuge, c'est bien cela ?

— Oui, c'est bien ça. On a compris l'essentiel de la stabilité d'un vélo à condition de ne pas oublier que l'essentiel, c'est toi qui le fais en bougeant ton corps et ton guidon afin de rester au-dessus de tes roues.

— Une dernière chose, s'il te plaît.

— Quoi ?

— Eh bien, il paraît que quand Jacques Tati a tourné *Jour de fête*, les techniciens ont eu un mal de chien à faire rester debout un vélo sans personne dessus, mais, à la longue, ils y sont arrivés.

— Un vélo sans personne dessus ne peut pas rester debout. Tout au plus peut-on retarder sa chute en faisant deux choses : bien l'équilibrer pour qu'il n'ait pas tendance à pencher avant même qu'on le lance et aussi le lester pour abaisser son centre de gravité. Tu te rappelles le bâton ? Essaye de lui coller un poids dessus. Si tu le colles en haut, tu vas avoir du mal à tenir ton bâton debout, mais si tu le colles en bas, ce sera plus facile.

— Encore une expérience à faire !

— Allez, viens, on repart. »

27. Kyoto et Paris

À Kyoto, je faisais de la bicyclette. Tranquillement assis sur « Mount Fuji », je laissais la chaussée aux automobiles et je prenais les trottoirs.

Car au Japon, les cyclistes sont des piétons mécanisés.

Insensibles à la chaleur mais sensibles à la pluie, ils guident leur machine d'une main et tiennent un parapluie de l'autre. Ainsi protégée des caprices du temps, la foule des piétons, mécanisés ou pas, s'écoule sans heurt : chacun est attentif à son voisinage, conscient qu'il vaut mieux éviter les collisions que les provoquer.

Mais à Paris, je ne fais pas de la bicyclette, je fais du vélo, et les cyclistes sont des conducteurs de véhicules sans moteur.

Couché sur « Rockrider », arc-bouté sur mes pédivelles (comme dit l'ami Rino), je m'infiltre entre des automobiles qui ne me font pas de cadeau.

Car le Parisien est individualiste. Il fonce sans regarder. Il ignore superbement ses voisins et passe le premier en toutes circonstances. C'est un principe. Un principe à hauts risques. Et quand il pleut, évidemment, pas de parapluie. Deux cents mètres rue de la Glacière suffisent donc à me tremper jusqu'aux os.

Quand je pense que Kyoto et Paris sont deux villes jumelées !

28. *Portière*

« Salaud ! »

C'est sorti tout seul. J'avais trop mal. Je tournais au verdâtre. Effrayée, la caissière du Franprix d'en face m'a prêté sa chaise. Le type qui avait ouvert la portière de sa Smart devant ma roue voulait me faire boire. J'ai tout de même trouvé mon portable et appelé la police.

Je voulais qu'on le constate, que ce type avait démoli ma saison.

Les flics m'ont dit qu'ils arrivaient dans les cinq minutes.

Tu parles.

Alors j'ai appelé le 18, les pompiers qui, eux, viennent toujours tout de suite. Ils ont regardé mon épaule et j'ai bien vu à leur tête que mon plongeon par-dessus cette portière ne m'avait pas fait une simple égratignure. Puis ils m'ont embarqué dans leur camion hurlant, direction les urgences de Cochin. Heureusement qu'ils m'avaient fait une piqûre puis attaché à leur civière, sinon ma clavicule serait ressortie à travers ma peau.

Ensuite, un interne super m'a dit qu'il allait me donner des super-calmants, parce que la clavicule, il vaut mieux ne pas l'opérer, la laisser trouver toute seule un endroit pour se ressouder de travers ; ce serait plus solide un jour mais, en attendant, j'allais déguster.

J'ai repensé à ce salaud de conducteur de Smart.

Je me suis dit que les chiens, plus ils sont petits, plus ils aboient fort, et que les bagnoles, c'est pareil, plus elles sont petites, plus grandes sont leurs portières.

29. Dessine-moi un nuage !

Vous n'allez pas me croire.

Mon avion était tombé en panne. Un Piper L18, un vieux coucou américain des années quarante. Je me souviens encore de ses ailes en toile goudronnée, et de l'instructeur qui m'avait appris à atterrir sans faire de cheval de bois, un ancien adjudant qui avait fait la guerre d'Algérie et rêvait encore d'attaquer des mechtas avec. Une honte, ce type !

Mais là, j'étais au beau milieu du Larzac, il faisait une chaleur d'enfer et je me demandais bien comment j'allais m'en sortir.

Soudain, sorti de nulle part, un petit bonhomme s'est planté devant moi. Il m'a regardé, et puis :

« Comment tu t'appelles ? m'a-t-il demandé.

— Sébastien.

— Moi, c'est Antoine ! »

Il avait l'œil fier et la tignasse frisée.

Alors il a aperçu mon carnet et m'a dit :

« Dessine-moi un nuage ! »

Il se moquait de moi, ou quoi ?

« Tu ne veux pas plutôt un boa en train de manger un éléphant ?

— Dessine-moi un nuage ! »

Pas question, dans ces conditions, de lui dessiner un cirrus, l'un de ces nuages d'altitude dont le vent décoiffe les fins cheveux de glace. Pour moi qui n'ai jamais su dessiner, ç'aurait pourtant été plus facile.

Évidemment, j'aurais pu aussi barbouiller toute la page d'un gris vaguement homogène et prétendre avoir dessiné un stratus, un nuage en couche, mais Antoine, avec son air impertinent, me l'aurait sûrement renvoyé à la figure. J'ai senti qu'il voulait un nuage en forme de tas, un cumulus, un nuage de beau temps pour bandes dessinées.

« Mais il ressemble à un gros mouton, ton nuage !

— C'est parce que l'air fait des boucles en montant à l'intérieur, comme le panache de fumée qui sort d'une cheminée.

— Mais je croyais que c'était plein d'eau, un nuage…

— Oui, plein de toutes petites gouttelettes, comme le brouillard l'hiver.

— Mais le brouillard, il est par terre, alors que le nuage flotte en l'air…

— Eh ! L'hiver, il fait suffisamment froid par terre pour que l'air humide se condense. C'est comme la rosée du matin, ou la buée sur les vitres de ta cuisine, de la vapeur qui se condense aux endroits froids, qui se regroupe en gouttes, quoi !

— Tu ne m'as toujours pas dit pourquoi ce nuage-là, devant nous, il est monté là-haut ?

— Ah oui ! pardon ! Le Soleil chauffe le sol humide qui s'évapore, et l'air chaud et humide monte…

— Mais pourquoi il monte ??

— Tu sais, l'air chaud est plus léger que l'air froid, et l'air humide est aussi plus léger que l'air sec…

— Attends, tu rajoutes de l'eau dans l'air et il devient plus léger ?

— Mais d'où tu sors, Antoine, pour poser des questions pareilles ? Ça t'intéresse, la physique ?

— Tu sais, la maîtresse, elle nous a acheté les mallettes de « La main à la pâte », à l'école, alors on l'a appelée la Reine des Sciences.

— Et vous étiez ses petits princes ?

— Tu ferais mieux de me dire pourquoi l'air humide est plus léger que l'air sec !

— Eh bien, puisque tu sais tout, tu devrais savoir que les molécules d'eau contiennent deux atomes d'hydrogène H et un atome d'oxygène O, ce qui fait H–O–H. Comme H est le plus léger des atomes, beaucoup plus léger que O, la molécule d'eau, H–O–H, est beaucoup plus légère que les molécules O–O ou N–N (l'azote) qui constituent l'air sec. Alors, dans un litre d'air sec, si je remplace des molécules O–O ou N–N par des molécules H–O–H, j'obtiens un litre d'air humide qui pèse moins lourd.

— Pas bête ! Donc l'air humide monte comme mon ballon dans l'eau à cause de la poussée d'Archimède parce que l'air autour est plus froid et plus sec ?

— Dis donc, t'as appris plein de choses avec la Reine des Sciences ! C'est vrai, ce que tu dis, sauf qu'en montant, l'air se refroidit…

— Ah oui, en altitude, il fait froid, c'est vrai…

— Parce qu'il y a de moins en moins d'air au-dessus qui appuie, donc la pression atmosphérique diminue avec l'altitude et ça refroidit l'air de le détendre. À une certaine hauteur, l'air humide atteint son point de rosée, il est suffisamment froid pour condenser son humidité sous forme de gouttes.

— Et c'est à une altitude précise ?

— Oui, c'est pour cela que la base des nuages est plate.

— Elle est pas très plate, la base du nuage que tu m'as dessiné !

— Oui, mais le vrai cumulus que tu vois là-haut, il a une belle base bien plate, lui.

— Et dans le nuage, qu'est-ce qui se passe ?

— L'air continue à monter et à condenser son humidité sous forme de gouttes.

— Jusqu'au sommet ?

— Oui, arrivé au sommet, il s'est suffisamment refroidi et asséché pour redescendre.

— Autour du nuage, il y a de l'air froid et sec qui redescend ?

— Oui. À l'intérieur, l'air humide qui monte fait des gouttes qui flottent et si ces gouttes sortent du nuage, elles rencontrent de l'air sec qui redescend et elles s'évaporent.

— C'est pour ça que les cumulus ont des bords bien nets ? Parce que les gouttes peuvent pas sortir ?

— Tu comprends tout... Tu voudrais venir dans mon labo un jour et m'aider à faire des expériences ?

— T'es pas aviateur ? Ni écrivain ? Ni dessinateur ? T'es chercheur en physique ? T'études les gouttes ?

— Je suis chercheur, mais j'étudie les bulles. C'est intéressant aussi, tu sais.

— Mais si les gouttes flottaient tout le temps, il pleuvrait jamais !

— Tu as raison. Si les gouttes grossissent trop, elles tombent, ramassent d'autres gouttes sur leur passage, se cognent entre elles pour faire d'autres gouttes encore, et finalement sortent du nuage par le bas : il pleut !

— Et la neige ?

— Eh bien, le sommet des nuages est parfois à trois ou quatre mille mètres, ou même davantage, et là, il fait tellement froid que l'eau gèle, ou alors la vapeur se condense directement sous forme de flocons de neige qui sont des petites étoiles de glace à six branches.

— Et c'est comme les gouttes, les petits flocons flottent, mais les gros flocons tombent ?

— Oui, de même que les poussières volent au vent et pas les cailloux.

— Alors, les nuages, c'est léger ?

— Attends, une poussière c'est léger, mais des millions de poussières, ça peut être lourd. Un petit cumulus comme celui que tu vois là-haut, qui fait à peu près un kilomètre de large et de haut, contient dix mille tonnes de vapeur d'eau et cinq cents tonnes de gouttelettes !

— Tu es sûr ?

— Oui, et je crois même qu'un gros cumulo-nimbus tropical, qui est dix fois plus gros, doit peser mille fois plus. Dix millions de tonnes d'eau, tu te rends compte ? Un million de camions-citernes ! »

Antoine prit un instant de réflexion.

« Et pourquoi ils sont blancs, les nuages ?

— Ils ne sont blancs que lorsqu'ils réfléchissent la lumière du Soleil. D'ailleurs, quand ils sont roses, au coucher ou au lever du Soleil, c'est parce que le Soleil est rouge et se reflète dedans. Et quand ils sont noirs, c'est parce qu'ils contiennent de grosses gouttes qui absorbent la lumière et qu'il va pleuvoir.

— Il y en a aussi des gris ! En plus, ils n'ont pas la même forme que tes cumulo-machins !

— Cumulo-nimbus ! C'est du latin qui veut dire « nuage en forme de tas ». Dedans, tu comprends, l'air est toujours en train de monter et de descendre, de faire des boucles de turbulence, et c'est ce mouvement qui dessine des nuages en forme de moutons, mais pour cela, il faut que le Soleil réchauffe la surface des océans ou un sol humide et crée de grandes différences de température et d'humidité entre le bas et le haut de l'atmosphère. S'il y a trop de nuages, le Soleil ne passe plus et l'air est stable, une grande couche nuageuse s'installe à une certaine hauteur. Ce nuage-là, un stratus, est gris parce que la lumière passe un peu au travers, et il n'a pas une drôle de forme comme les cumulus parce que l'air y fait moins de tourbillons. »

Antoine devint sérieux :

« Et tous ces nuages, à quoi ils servent ?

— À quoi ils servent ? Je ne crois pas que les nuages se croient utiles, tu sais, mais si tu le prends comme ça, disons que le Soleil sert à évaporer l'eau des océans, et les nuages à transporter de l'eau douce vers les continents ; enfin, ils servent aussi à échanger de la chaleur entre l'équateur et les pôles.

— Et si la Terre se réchauffe, il va y avoir plus de nuages ? Vous savez calculer cela, vous autres chercheurs, dans vos labos ?

— J'ai des amis qui doivent savoir, mais je crois que c'est difficile.

— Et s'il y a plus de nuages, il va faire plus chaud ou plus froid ?

— Plus chaud en moyenne, mais ça dépendra des régions. »

J'avais faim et soif, dans ce désert.

« Dis donc, toi qui sais tout, tu dois bien savoir réparer ton avion ?

— Pas sûr.

— Bon, ben moi, je retourne à mes moutons. Salut, Sébastien !

— Salut, Antoine ! »

30. *Dessine-moi une goutte !*

« Jean ?

— Oui.

— Pour la couverture du livre, est-ce que ton cycliste songeur pourrait regarder une goutte de pluie ? Comme ça, on aurait l'impression que, même sur son vélo, il réfléchit à la physique de l'eau.

— Si tu veux.

— Mais cette goutte, je la voudrais en forme de poire, pas ronde.

— Quand une goutte tombe, elle est bien comme ça, non ? C'est pas l'écoulement de l'air, autour, qui l'aplatit devant et lui fait une queue pointue derrière ?

— Écoute, tous les dessinateurs font des gouttes-poires, au point que tout le monde croit que les gouttes de pluie sont pointues. Mais, en fait, une goutte qui tombe dans l'air est bien ronde. C'est parce que sa surface est tendue, un peu comme un ballon gonflé. Pour se déformer, il faudrait qu'elle soit très grosse, ou alors qu'elle glisse sur une vitre inclinée. C'est là que, si elle glisse vite, elle est pointue.

— Bon, alors, tu la veux comment, cette goutte de pluie ? Une vraie ronde ou une fausse pointue ?

— Eh bien, pour une fois, je préfère l'imaginaire au réel. Pointue, s'il te plaît, comme dans les bandes dessinées.

— Faudra pas raconter ça à nos lecteurs, ils vont croire que je connais rien à la science. »

31. *Haute couture*

Oui, mon vélo de course a des chaussettes, des chaussettes de chrome. Il a un torse d'acier rose mais les pattes avant (la fourche) chromées, et les pattes arrière (les haubans) aussi. Oh ! il n'a pas de longues chaussettes, juste de petites socquettes à astiquer chaque semaine. C'était encore la mode, il y a vingt ans, quand je l'ai acheté.

Mais aujourd'hui, les matériaux de la haute couture cycliste ont évolué, et si je montais un CT40 de chez Colnago, il aurait le corps en titane mais toute la fourche en carbone, et des haubans en forme de bréchet qui le seraient aussi, en carbone. Au lieu de socquettes en chrome, il aurait donc de longues jambes gainées de noir, de vrais collants de soirée.

Il paraît que cette élégance suprême lui donnerait une souplesse, une nervosité, un rendement, une précision…

Un rêve !

32. *Culs*

Le cycliste ne porte pas la culotte, il porte le cuissard. Et il le porte à cru, afin de n'insérer aucun pli entre son fondement et son fond de culotte, pardon, le fond soyeux de son cuissard. De fait, il a les cuisses bien couvertes, alors que le cul…

Parce que, vous comprenez, mille kilomètres en selle, ça l'use, le cuissard, alors deux mille, ça l'use, ça l'use, et trois mille, ça l'use encore plus. Et puis une lessive, ça l'use aussi, et deux lessives, trois lessives…

Jean-Louis, le moniteur de l'auto-école de la rue de la Glacière, il devrait vraiment s'en acheter un autre, avec tous les kilomètres de lessives qu'il avale, parce que son cuissard est devenu transparent et je le trouve obscène. Ou alors je devrais passer devant, parce que, vu de derrière…

Le problème, c'est qu'on est tous pareils, Jean-Louis, Rino, les autres, même moi d'après Rémy qui est l'un des rares, avec Paul, à soigner son élégance arrière.

Quant à Sylvie, je ne comprends pas comment elle fait, avec ses jolies petites rondeurs, elle use moins. On ne voit rien. Dommage !

33. *Cosmonautes*

Un jour, Humphrey a été invité par la Nasa. L'agence spatiale américaine réunissait quelques scientifiques de renom pour réfléchir à un grave problème.

George Bush junior venait en effet de décider que les États-Unis, après avoir conquis l'Irak, allaient poser le pied sur Mars. Mais voilà, la Nasa découvrait que le voyage des valeureux cosmonautes américains allait durer deux ans et l'on pouvait craindre qu'ils soient tellement irradiés par le vent solaire qu'ils meurent d'un cancer en cours de route.

Compte tenu de l'évidence que la technologie américaine était capable de vaincre toutes les difficultés imaginables, compte tenu que Bush junior préférait les vols habités à l'exploration par des robots, le groupe d'experts réuni devait fournir une solution à ce détail technique, afin que cette glorieuse conquête ne tourne pas à nouveau au désastre.

Envoyer des robots aurait pourtant coûté beaucoup moins cher, et puis les robots n'ont pas besoin de bouger tout le temps comme les cosmonautes, donc leurs appareils d'observation auraient été beaucoup plus stables.

Humphrey tenta d'expliquer que l'irradiation des cosmonautes était inévitable, que leur vaisseau ne disposerait pas, comme la Terre, d'un champ magnétique capable de dévier la trajectoire du vent solaire. Rien ne semblait entamer la détermination des responsables de la Nasa. Ces gens devaient pourtant connaître l'origine physique des aurores boréales…

Alors Humphrey, à bout de patience et d'arguments, leur proposa d'envoyer des cosmonautes morts sur Mars au lieu d'en envoyer des vivants. « Comme cela, dit-il avec son flegme britannique, ils économiseraient au moins deux ans de frais de nourriture. »

Humphrey ne fut jamais plus invité aux séances de réflexion de la Nasa. Il eut ainsi plus de temps pour faire son métier de chercheur.

Je racontais cette histoire à Jean-Pierre Bibring ce matin. Sa mission européenne venait de scruter la présence d'eau souterraine sur Mars grâce aux caméras embarquées sur *Mars Express*, un admirable vaisseau robotisé. Il me dit d'abord que le risque de cancer était réel mais que certains cosmonautes avaient déjà survécu à un voyage d'un an dans l'espace, que leur mort n'était donc pas certaine.

Cependant, d'après lui, il y avait pire.

Le problème principal n'était ni scientifique ni technique, mais plutôt psychologique ! Différentes expériences ont montré qu'il est impossible d'enfermer six personnes dans quelques mètres cubes pendant deux ans sans qu'ils s'entre-tuent. Il semble que la promiscuité soit insoutenable à ce degré. « Songe, m'expliqua-t-il, au fait que le vaisseau ne pourrait pas embarquer de l'eau potable pour deux ans. Il serait donc nécessaire de recycler l'urine des cosmonautes. Boire sa propre urine n'est pas une épreuve facile à surmonter. Mais boire celle des autres ? Pendant combien de temps les cosmonautes accepteraient-ils cela ? »

Allez faire comprendre à Bush junior qu'il est inutile de faire prendre de tels risques à un équipage de cosmonautes !

À l'époque de la guerre du Vietnam, j'étais étudiant à Paris et je me suis souvent retrouvé dans la rue pour y réclamer le retrait des troupes américaines. C'était aussi l'époque de Mai 68, et je me souviens du bruit des tronçonneuses qui ont abattu les grands platanes du boulevard Saint-Michel pour y ériger des barricades. Je me souviens du bruit des barres à mine qui extrayaient les pavés du sol. Et aussi du feu qui craquait rue Gay-Lussac. Rue Lhomond, près de mon actuel laboratoire, se trouvait et se trouve toujours le vénérable couvent des missionnaires du Saint-Esprit. Je dis vénérable car je me plais à imaginer que c'est là, peut-être, que l'abbé Lhomond écrivit sa *Grammaire latine*. L'imagination étant au pouvoir, un joyeux tagueur avait rebaptisé ce couvent du doux nom de « Cosmonautes du Subconscient ». Géniale intuition ! Quarante ans plus tard, le missionnaire Bush junior, dans ses nouvelles croisades, allait devoir se préoccuper du subconscient des cosmonautes.

34. Trous noirs

J'ai toujours été nul en tennis, nul en foot, nul aux jeux de balle. Et si j'ai été champion d'académie en volley-ball, à douze ans, c'est grâce à sept parties gagnées par forfait de l'équipe adverse sur huit rencontres, à une époque où les lycées de Touraine n'avaient sans doute aucun budget pour le transport de leurs équipes minimes.

Juste après mon doctorat, je suis allé passer un an à Nottingham, une ville assombrie par l'effondrement de l'industrie lourde, où lord Byron avait pourtant aménagé un jardin de roses comme il n'en existe sans doute qu'en Angleterre. Ne reculant devant aucune tentative d'intégration, je m'étais essayé au cricket. J'ai bien failli éborgner l'un de mes adversaires, incapable que j'étais de lancer la balle en direction du piquet en respectant la règle : ne pas plier le coude ! Il faut croire que mes échecs précédents ne m'avaient pas servi de leçon. Par exemple, j'avais fait quelques mois de handball, après le volley. J'arrivais facilement à me démarquer dans la zone de tir parce que les autres avaient tous compris que, si on me passait la balle, je serais incapable de tirer avant d'être contré. Mais je m'étais vite tordu plusieurs doigts et m'étais réfugié au clavier de mon piano : sur son ivoire, je n'avais que moi-même comme adversaire.

Au lancement du poids, je me posais de graves questions sur l'angle de départ de mon jet : comment faire pour lancer ce gros boulet à une distance qui ne ferait pas rire ? Et je retrouvais mon conflit avec la gravité lors de mes misérables tentatives de saut : comment acquérir la vitesse qui me permettrait de sauter plus haut que mon entrejambe ?

Avec l'âge, j'ai compris que mes muscles étaient plus endurants qu'explosifs et que mon cœur préférait de loin trois heures de marathon à quelques secondes de sprint, a fortiori à quelques millisecondes de saut ou de jet.

De réalité dérisoire, mes lancers de balles sont donc devenus des expériences de pensée.

Les étoiles étant des masses qui s'attirent entre elles, comme la Terre attire la balle de tennis que je lance en l'air, comment se fait-il que l'Univers ne s'effondre pas sur lui-même ? Einstein s'étant posé cette question avant moi, il n'y avait pas de honte à la poser à mon tour. D'autant plus qu'il s'était longtemps trompé sur la réponse. Einstein croyait que les étoiles étaient fixes dans l'Univers. Mais Friedman et Lemaître, eux, avaient proposé qu'une explosion initiale (on allait plus tard l'appeler le « big bang ») avait lancé la matière, les galaxies et leurs étoiles, dans toutes les directions avec une formidable vitesse cosmique. Et les mesures de Hubble l'avaient confirmé. Mais alors, c'était bien comme ma balle : lancé il y a 13,7 milliards d'années, l'Univers était susceptible de retomber ! Sous l'effet de la gravité, l'Univers pourrait faire demi-tour et imploser lors d'un futur et non moins impressionnant « big crunch »…

Je réfléchis alors aux fusées : pour sortir de l'attraction terrestre, elles ont besoin d'une formidable accélération au départ qui leur fasse acquérir une vitesse suffisante. Autrement, elles retombent. C'est un problème pour lycéens et j'étais loin d'être le premier à penser à cela. Grâce à Gary Gibbons, un professeur de Cambridge, j'ai appris que Pierre Simon de Laplace, en 1796, s'était posé l'étrange question suivante :

Si une étoile est deux cent cinquante fois plus grosse que le Soleil et qu'elle a la densité de la Terre, cela fait une masse gigantesque et, sur cette étoile imaginaire, l'attraction gravitationnelle devrait être colossale. Pour s'échapper de cette étoile, les grains de lumière devraient être lancés avec une vitesse supérieure à trois cent mille kilomètres par seconde, la vitesse de la lumière. Comme c'est impossible, cette étoile ne pourrait émettre aucune lumière. Ce serait un trou noir ! L'idée révolutionnaire de l'existence des trous noirs, l'une des stars (si j'ose dire) de la cosmologie moderne, était déjà présente chez Pierre Simon de Laplace, en pleine Révolution française ! Pire, du point de vue du vieux chauvinisme français, Laplace avait repris cette idée des travaux de John Michell, un astronome anglais qui l'avait publiée treize ans plus tôt !

L'invention des trous noirs était donc si ancienne ? Oui et non. Il y a plus de deux siècles, on croyait comme Newton que la lumière était faite de grains, mais on n'avait pas compris que ces grains, les photons, avaient une masse nulle, qu'on ne pouvait pas les comparer à des balles que l'on tenterait de lancer fort. Pour cela, il avait fallu attendre 1905, l'année d'une autre série de révolutions, celles d'Einstein. Ensuite, il avait fallu aussi comprendre que les masses s'attirent entre elles comme des billes sur un matelas mou, parce que leur présence déforme l'espace lui-même. Ce fut à nouveau l'œuvre d'Einstein, mais en 1915 cette fois, lorsqu'il inventa sa « Relativité Générale ». Alors on comprit qu'une grande masse concentrée quelque part pouvait déformer l'espace au point d'empêcher la lumière d'en sortir. Et l'on découvrit qu'effectivement, au centre de notre galaxie, les étoiles tournent autour d'un grand trou invisible qui semble vouloir les avaler.

35. Froid

23 décembre.

Aujourd'hui, le Soleil fait la grasse matinée et on ne va tout de même pas partir sans lui. Impossible d'aller au-delà de l'abbaye de Port-Royal, celle de Racine, dans ces conditions.

Le long de la Mérantaise, les prés sont enneigés et les chevaux y cherchent de l'herbe désespérément. Les cavaliers sont restés chez eux et nous sommes seuls à fumer dans l'air froid.

Surchaussures en Gore-Tex, cagoules en Windstopper, gants en polaire, sous-vêtements Odlo pour skieurs du Grand Nord ne suffisent pas à nous faire glisser au vent sans souffrance. Et nos efforts ne suffiront pas à réchauffer l'atmosphère, même dans la côte qui contourne Port-Royal.

On coupera vite le plateau vers l'est pour retrouver la chaleur polluée des banlieues. Qu'est-ce qu'il ne faut pas faire pour rouler l'hiver !

L'une de mes aïeules s'appelait Clémence Port-Royal. Elle n'avait pourtant rien d'une aristocrate. Elle tirait son joli nom du boulevard de Port-Royal, à Paris, où elle avait été trouvée le jour de la saint Clément.

C'était un 23 novembre.

Il devait faire un froid à ne pas mettre un bébé dehors.

36. *Trouver*

« Tu avoueras que, malgré son cornet dans l'oreille, le professeur Tournesol ne devait pas entendre grand-chose.

— Et le savant Cosinus, tu crois vraiment qu'il réussissait à se moucher dans son chiffon à craie ?

— Dans la série, il y a aussi Nimbus, avec son cheveu d'interrogation...

— Même Archimède, sautant hors de son bain en hurlant "Eurêka !", ou encore Newton, avec sa pomme, ils ont dû faire rire, non ?

— Et pourtant, les lois de l'Univers, c'est bien eux qui...

— ... Einstein, lui, au moins, faisait du vélo, du violon et de la politique, un homme normal, en somme.

— Enfin, pour revenir aux sourds, tu crois que Tournesol et Beethoven étaient géniaux parce que retranchés dans leur monde intérieur ?

— Et Nimbus, dans ses nuages ?

— Oui, enfin, Cosinus était bien devant son tableau noir. Il paraît qu'en l'inventant, le dessinateur Christophe a pris modèle sur Jacques Hadamard, le grand mathématicien. »

Nous tournions cette question dans tous les sens : afin de mieux saisir la réalité, faut-il nécessairement s'en extraire ?

Je ne crois pas que la recherche scientifique soit toujours rationnelle. Au contraire, pour trouver, il est bien utile de savoir rêver.

Juste avant de hurler « Eurêka ! », Archimède faisait-il des expériences ou avait-il l'esprit engourdi par l'eau chaude de sa baignoire ?

Les deux ?

J'aime bien faire des expériences dans mon bain. J'émets des vagues en agitant mes deux index et j'observe la réflexion de la lumière du Soleil sur la surface de l'eau, à la recherche d'interférences. Dès que je commence à me laver, je constate que le bruit de l'eau qui coule du robinet change, et je me dis que c'est à cause du savon qui tapisse la surface de l'eau et rend la formation de bulles plus facile. Et puis j'analyse ma psychologie, c'est assez simple, et je comprends pourquoi je ne bondis pas hors de l'eau, pourquoi je préfère rester au chaud.

J'ai beau être un chercheur professionnel, payé pour avoir des idées à plein temps, je n'arrive pas à en avoir tous les jours. D'ailleurs, c'est plutôt la nuit que cela m'arrive.

Je devrais peut-être prendre plus de bains ?

Si l'on disait que les chercheurs du CNRS sont payés pour prendre des bains chauds ou pour rêver la nuit, je suis sûr que cela n'arrangerait pas notre image publique.

Et pourtant, c'est bien vrai. Je m'acharne toute la journée sur des difficultés qui me résistent et, tout à coup, dans la molle conscience d'une insomnie, j'y repense encore et encore… et je trouve ! Je résous enfin le mystère qui m'arrêtait la veille. Je contourne la difficulté, j'associe enfin deux pièces de ce puzzle qui me semblait insoluble, et tout s'éclaire.

Alors, la lumière de la vérité me réveille. Mais comme j'ai tendance à oublier mes rêves, j'ai envie de sauter hors de mon lit, sans crier « Eurêka ! » pour autant, afin de noter ma nouvelle idée, de sortir mon grand cahier noir et d'écrire tout cela. Et puis de retourner me coucher pour avoir d'autres idées.

C'est tellement bon, d'avoir des idées.

En somme, je ne suis pas encore sourd, mais la nuit, je suis un peu ailleurs.

« Tu crois que je suis un peu savant ? »

37. *Tic-taac*

Kinmata, en plein cœur de Kyoto.

Taac.

Dès la porte franchie, le XXe siècle nous avait semblé loin. Le bruit des moteurs s'était estompé, l'agitation des touristes s'était évanouie, les lumières des commerces s'étaient éteintes.

Dans notre chambre, au premier étage, une femme avait discrètement préparé du thé puis déroulé de fins matelas sur des tatamis anciens que nous n'osions parcourir sans de grandes précautions. Elle nous avait aussi montré comment pénétrer dans un bain brûlant aux cloisons de cyprès odorant, comment s'y détendre longuement, comment utiliser l'eau fraîche aussi, pour se laver avant et pour refermer les pores de la peau après.

Taac.

La nuit était tombée. Entrouverte sur une cour carrée, une paroi coulissante aux vitres de papier laissait pénétrer un filet d'air frais. Cette cour intérieure m'avait rappelé certains patios romains. Décidément, j'aimais l'élégance de l'architecture japonaise autant que l'italienne.

Et puis cette façon de coucher par terre était plus confortable que je ne l'aurais imaginé, à condition toutefois de rester tranquillement sur le dos.

Taac.

Ce bruit n'en était pas un. C'était vraiment un son. Un son de percussion délicate. Un peu comme au théâtre de nô où nous étions allés la veille. Mais c'était aussi celui d'une flûte grave, pas celui d'une peau tendue. Un son de bambou.

C'était la fontaine centrale de la cour, bien sûr. J'en avais vu d'autres dans les jardins des temples et j'avais souri en observant leur mécanisme.

Taac.

Comment transformer un mouvement continu en mouvement alternatif, un flot en pendule ? De la longueur d'un grand bras, assez épais, le tuyau de bambou pouvait tourner autour d'un axe fixé en son centre. Mais l'une des cloisons naturelles du bambou devait en fermer l'intérieur côté bas. Un filet d'eau entrait côté haut et remplissait progressivement le tuyau. Le centre de gravité montait donc avec le niveau de l'eau et finissait par dépasser l'axe de rotation. Alors, une dernière goutte faisait basculer l'ensemble vers l'avant, le bambou se vidait dans un bassin, retombait en arrière et frappait une pierre judicieusement placée en dessous.

Taac.

Le choc excitait une résonance du tuyau vide, de l'air de ce tuyau, d'où ce son hybride de flûte et de percussion. Rien à voir avec les fontaines fabriquées à la chaîne que j'aurais pu trouver chez Brico-Jardins. Celle-ci était l'œuvre d'un artisan qui avait soigneusement choisi le diamètre et la position de la paroi intérieure de son bambou afin d'en accorder le son à la manière d'un facteur d'orgues. L'œuvre d'un musicien qui avait le sens du rythme et savait régler le débit d'eau en fonction du volume à remplir. Ainsi, au lieu de me soumettre au supplice d'un

tic-tic-tic

l'artiste de Kinmata m'offrait un

taac

taac

taac

qui me rassurait. C'était toute la différence entre le Japon et le métronome de mon père.

Mon souffle se ralentissait.

Taac.

L'Orient me berçait.

T…

Table des matières

Impression réalisée par Bussière
à Saint-Amand-Montrond (Cher) en septembre 2008.
Dépôt légal : octobre 2008.
N° d'éditeur : 090407-01.
N° d'impression : 81593. Imprimé en France